高等学校电子信息类“十三五”规划教材

数字电子技术实验

主编　李文联　李杨　吴学军

西安电子科技大学出版社

内 容 简 介

本书是根据当前高等学校数字电子技术实验教学的需要编写而成的。全书内容分为三部分：第一部分为数字电子技术实验基础知识，第二部分为数字电子技术基础性实验，第三部分为数字电子技术设计性实验。

本书可作为高等学校电子信息工程、通信工程、电子科学与技术、自动化、机械电子工程等理工科相关专业本科和高职、高专学生数字电子技术实验的教材或参考书。

图书在版编目(CIP)数据

数字电子技术实验/李文联，李杨，吴学军主编．—西安：西安电子科技大学出版社，2017.5
高等学校电子信息类"十三五"规划教材
ISBN 978-7-5606-4436-3

Ⅰ．①数… Ⅱ．①李… ②李… ③吴… Ⅲ．①数字电路—电子技术—实验—高等学校—教材
Ⅳ．①TN79-33

中国版本图书馆 CIP 数据核字(2017)第 075471 号

策　　划　杨丕勇
责任编辑　董柏娴　杨丕勇
出版发行　西安电子科技大学出版社(西安市太白南路 2 号)
电　　话　(029)88242885　88201467　　邮　　编　710071
网　　址　www.xduph.com　　电子邮箱　xdupfxb001@163.com
经　　销　新华书店
印刷单位　陕西天意印务有限责任公司
版　　次　2017 年 5 月第 1 版　2017 年 5 月第 1 次印刷
开　　本　787 毫米×1092 毫米　1/16　印　张　6.5
字　　数　149 千字
印　　数　1～3000 册
定　　价　16.00 元
ISBN 978-7-5606-4436-3/TN
XDUP 4728001-1

前　言

本书是根据当前本科、大专、高职、高专等各类学校的数字电子技术实验教学的需要编写而成的。

编写本书的目的是为实验指导教师提供一个参考，使他们在开设实验项目时有所借鉴。因此，指导教师应结合各学校的教学及实验要求选用合适的项目和内容或在此基础上设计自己的实验。

本书由湖北文理学院组织编写，主编为李文联、李杨、吴学军。参加编写的还有李凯、胡晗、刘向阳、孙艳玲、吴何畏、王正强、王培元、李敏等。

本书参考了许多同仁的编写经验和资料，在此向参考文献中的所有作者表示感谢。限于编者的水平，本书一定还存在着许多不妥之处，恳请广大读者和专家、学者来电来函指正，以便再版时得以修正和完善。

2016 年 11 月

目　　录

绪　论

“数字电子技术实验”是“数字电子技术”理论教学的重要补充和继续。通过实验，学生可以对所学的知识进行验证，加深对理论的认识；可以提高分析和解决问题的能力，提高实际动手能力。本实验课的主要目的有三个：使学生熟悉电子技术实验室的工作环境和实验方式，比较熟练地掌握常用电子仪器和电子元器件的使用方法；使学生加深对数字电子技术相关理论和概念的理解，熟悉各单元电路的工作原理、各集成器件的逻辑功能和使用方法，培养学生在数字电路方面的分析、设计能力；使学生在科学态度、诚信精神、互助合作、遵纪守法等多方面的综合素质有所提高。学生在完成指定的实验后，应具备以下能力：

（1）熟悉并掌握基本实验设备、测试仪器的性能和使用方法；

（2）学会常用集成电路的识别、使用及检测方法，掌握常用集成电路参数的测试方法，具备查阅电子器件手册的能力；

（3）具备电子电路的设计、组装和调试能力，掌握电子系统调试、排错、检错的一般方法；

（4）能够运用理论知识对实验现象、结果进行分析和处理，解决实验中遇到的问题；

（5）能够综合实验数据，解释实验现象，编写实验报告。

第一部分

数字电子技术实验基础知识

随着科学技术的发展，脉冲与数字技术在各个科学领域中都得到了广泛的应用，掌握数字电子技术方面的基本知识、基本理论和基本技能对于培养学生的应用能力是非常必要的。数字电子技术实验是配合数字电子技术课程而单独开设的一门实践性很强的技术基础课程，在学习中不仅要掌握基本原理和基本方法，更重要的是学会灵活应用。因此，需要配有一定数量的实验，才能让学生掌握这门课程的基本内容，熟悉各单元电路的工作原理、各集成器件的逻辑功能和使用方法，有效地提高理论联系实际和解决实际问题的能力，树立科学的工作作风。

1.1 实验的基本过程

实验的基本过程，应包括确定实验内容，选定最佳的实验方法和实验线路，拟出较好的实验步骤，合理选择仪器设备和元器件，进行连接安装、调试和测试，最后写出完整的实验报告。

在进行数字电路实验时，充分掌握和正确利用集成元件及其构成的数字电路独有的特点和规律，可以收到事半功倍的效果。要完成每一个实验，应做好实验预习、实验记录和实验报告等环节。

1.1.1 实验预习

认真预习是做好实验的关键。预习的好坏，不仅关系到实验能否顺利进行，而且直接影响实验效果。预习应按教材的实验预习要求进行，在每次实验前首先要认真复习有关实验的基本原理，掌握有关器件的使用方法，对如何着手实验做到心中有数。通过预习还应做好实验前的准备，写出一份预习报告，其内容包括：

(1) 绘出设计好的实验电路图，该图应该是逻辑图和连线图的混合，既便于连接线，又反映电路原理，并在图上标出器件型号、使用的引脚号及元件数值，必要时还需用文字说明。

(2) 拟定实验方法和步骤。

(3) 拟好记录实验数据的表格和波形坐标。

(4) 列出元器件清单。

1.1.2 实验记录

实验记录是实验过程中获得的第一手资料，测试过程中所测试的数据和波形必须和理论基本一致，所以记录必须清楚、合理、正确，若不正确，则现场要及时进行重复测试，找出原因。实验记录应包括如下内容：

(1) 实验任务、实验名称及实验内容。

(2) 实验数据和波形以及实验中出现的现象，从记录中应能初步判断实验的正确性。

(3) 记录波形时，应注意输入、输出波形的时间和相位关系，在坐标中上下对齐。

(4) 实验中实际使用的仪器型号和编号以及元器件的使用情况。

1.1.3　实验报告

编写实验报告是培养学生科学实验的总结能力和分析思维能力的有效手段，也是一项重要的基本功训练，它能很好地巩固实验成果，加深对基本理论的认识和理解，从而进一步扩大知识面。

实验报告是一份技术总结，要求文字简洁，内容清楚，图表工整。报告内容应包括实验目的、实验内容和实验结果、实验使用仪器和元器件以及分析讨论等。其中，实验内容和实验结果是报告的主要部分，应包括实际完成的全部实验，并且要按实验任务逐个书写。每个实验任务应有如下内容：

(1) 实验课题的方框图、逻辑图(或测试电路)、状态图、真值表以及文字说明等，对于设计性课题，还应有整个设计过程和关键的设计技巧说明。

(2) 实验记录和经过整理的数据、表格、曲线及波形图。其中，表格、曲线和波形图应充分利用专用实验报告简易坐标格，并用三角板、曲线板等工具描绘，力求画得准确，不得随手示意画出。

(3) 实验结果分析、讨论及结论。对讨论的范围没有严格要求，一般应对重要的实验现象、结论加以讨论，以进一步加深理解。此外，对实验中的异常现象可作一些简要说明，实验中有何收获，可谈一些心得体会。

1.2　实验操作规范和常见故障检查方法

1.2.1　实验操作规范

实验中操作的正确与否对实验结果影响甚大。因此，实验者需要注意按以下规程进行：

(1) 搭接实验电路前，应对仪器设备进行必要的检查校准，对所用集成电路进行功能测试。

(2) 搭接电路时，应遵循正确的布线原则和操作步骤(即要按照先接线后通电，做完后先断电再拆线的步骤)。

(3) 掌握科学的调试方法，有效地分析并检查故障，以确保电路工作稳定可靠。

(4) 仔细观察实验现象，完整准确地记录实验数据并与理论值进行比较分析。

(5) 实验完毕，经指导教师同意后，可关断电源拆除连线，整理好实验设备并放在实验箱内，将实验台清理干净、摆放整洁。

1.2.2　布线原则

布线应便于检查、排除故障和更换器件。

在数字电路实验中，由错误布线引起的故障常占很大的比例。布线错误不仅会引起电路故障，严重时甚至会损坏器件。因此，注意布线的合理性和科学性是十分必要的。正确的布线原则大致有以下几点：

(1) 接插集成电路时，先校准两排引脚，使之与实验底板上的插孔对应，轻轻用力将电路插上，然后在确定引脚与插孔完全吻合后，再稍用力将其插紧，以免集成电路的引脚弯曲、折断或者接触不良。

(2) 不允许将集成电路方向插反，一般IC的方向是缺口(或标记)朝左，引脚序号从左下方的第一个引脚开始，按逆时针方向依次递增至左上方的第一个引脚。

(3) 导线应粗细适当，一般选取直径为0.6～0.8 mm的单股导线，最好采用各种色线以区别不同用途，如电源线用红色，地线用黑色等。

(4) 布线应有序地进行，随意乱接容易造成漏接错接，较好的方法是接好固定电平点，如电源线、地线、门电路闲置输入端、触发器异步置位/复位端等，然后再按信号源的顺序从输入到输出依次布线。

(5) 连线应避免过长，避免从集成元件上方跨接，避免过多的重叠交错，以利于布线、更换元器件以及故障检查和排除。

(6) 当实验电路的规模较大时，应注意集成元器件的合理布局，以便得到最佳布线。布线时，顺便对单个集成元件进行功能测试。这是一种良好的习惯，实际上这样做不会增加布线工作量。

(7) 应当指出，布线和调试工作是不能截然分开的，往往需要交替进行，对大型实验，元器件很多，可将总电路按其功能划分为若干个相对独立的部分，逐个布线、调试(分调)，然后将各部分连接起来调试(联调)。

1.2.3 故障检查

实验中，如果电路不能完成预定的逻辑功能，则称电路有故障。产生故障的原因大致可以归纳为以下四个方面：

(1) 操作不当(如布线错误等)。

(2) 设计不当(如电路出现险象等)。

(3) 元器件使用不当或功能不正常。

(4) 仪器(主要指数字电路实验箱)和集成元件本身出现故障。

因此，上述四点应作为检查故障的主要线索。以下介绍几种常见的故障检查方法。

1. 查线法

由于在实验中大部分故障都是由于布线错误引起的，因此，在故障发生时，复查电路连线为排除故障的有效方法。应着重注意：有无漏线、错线，导线与插孔接触是否可靠，集成电路是否插牢、集成电路是否插反等。

2. 观察法

用万用表直接测量各集成块的V_{CC}端是否加上电源电压；输入信号、时钟脉冲等是否加到实验电路上，观察输出端有无反应。重复测试并观察故障现象，然后对某一故障状态用万用表测试各输入/输出端的直流电平，从而判断出是否是插座板、集成块引脚连接线等原因造成的故障。

3. 信号注入法

在电路的每一级输入端加上特定信号，观察该级输出响应，从而确定该级是否有故障，必要时可以切断周围连线，避免相互影响。

4. 信号寻迹法

在电路的输入端加上特定信号，按照信号流向逐线检查是否有响应和是否正确，必要时可多次输入不同的信号。

5. 替换法

对于多输入端器件，如有多余端则可调换另一输入端试用。必要时可更换器件，以检查器件功能不正常所引起的故障。

6. 动态逐线跟踪检查法

对于时序电路，可输入时钟信号按信号流向依次检查各级波形，直到找出故障点为止。

7. 断开反馈线检查法

对于含有反馈线的闭合电路，应该设法断开反馈线进行检查，或进行状态预置后再进行检查。

以上检查故障的方法，是指在仪器工作正常的前提下进行的，如果实验时电路功能测不出来，则应首先检查供电情况。若电源电压已加上，便可把有关输出端直接接到 0－1 显示器上检查。若逻辑开关无输出，或单次 CP 无输出，则是开关接触不好或是内部电路损坏造成的，一般就是集成器件损坏。

需要强调指出，实验经验对于故障检查是大有帮助的，但只要充分预习，掌握基本理论和实验原理，就不难用逻辑思维的方法较好地判断和排除故障。

1.3　数字集成电路概述、特点及使用须知

1.3.1　数字集成电路概述

当今，数字电子电路几乎已完全集成化了，因此，充分掌握和正确使用数字集成电路，用以构成数字逻辑系统，就成为数字电子技术的核心内容之一。

集成电路可分为模拟集成电路和数字集成电路两大类。

(1) 模拟集成电路是处理模拟信号的电路。此类电路又可分为线性和非线性集成电路。输出信号与输入信号成线性关系的称为线性集成电路，如电视机、收录机等用的集成电路就属于这种。输出信号不随输入信号变化的电路称为非线性集成电路，如对数放大器、检波器、变频器等。

(2) 数字集成电路是以“开”和“关”两种状态或以高低电平来对应“1”和“0”两个二进制数字，并进行数字的运算或存储、传输及转换的电路。数字集成电路又可分为 TTL 电路、HTL 电路、ECL 电路、CMOS 电路、存储器、微型机电路等。

集成电路按集成度可分为小规模集成电路、中规模集成电路、大规模集成电路和超大规模集成电路等。

(1) 小规模集成电路(SSI)是指芯片上的集成度为 100 个元件以内或 10 个门电路以内

的集成电路。小规模数字集成电路通常为逻辑单元电路，如逻辑门、触发器等。

(2) 中规模集成电路(MSI)是指芯片上的集成度为100～1000个元件或10～100个门电路的集成电路，通常是逻辑功能电路，如译码器、数据选择器、计数器、寄存器等。

(3) 大规模集成电路(LSI)是指芯片上的集成度为1000个元件以上或100个门电路以上的集成电路。

(4) 超大规模集成电路(VLSI)是指芯片上集成度为十万个元器件以上或一万个门电路以上的集成电路，通常是一个小的数字逻辑系统。

现已制成规模更大的极大规模集成电路。

数字集成电路还可分为双极型电路和单极型电路两种。双极型电路中有代表性的是TTL电路，单极型电路中有代表性的是CMOS电路。国产TTL集成电路的标准系列为CT54/74系列或CT0000系列，其功能和外引线排列与国际54/74系列相同。国产CMOS集成电路主要为CC(CH)4000系列，其功能和外引线排列与国际CD4000系列相对应。高速CMOS系列中，74HC和74HCT系列与TTL74系列相对应，74HC4000系列与CC4000系列相对应。

部分数字集成电路的逻辑表达式、外引线排列图列于附录中。逻辑表达式或功能表描述了集成电路的功能以及输出与输入之间的逻辑关系。为了正确使用集成电路，应该对它们进行认真研究，深入理解，充分掌握。还应对使能端的功能和连接方法给予充分的注意。

必须正确了解集成电路参数的意义和数值，并按规定使用。特别是必须严格遵守极限参数的限定，因为即使瞬间超出，也会使器件遭受损坏。

下面具体说明集成电路的特点和使用须知。

1.3.2 TTL器件的特点及使用须知

TTL器件的特点：

(1) 输入端一般有钳位二极管，减少了反射干扰的影响。

(2) 输出电阻低，增强了带容性负载的能力。

(3) 有较大的噪声容限。

(4) 采用+5 V的电源供电。

为了正常发挥器件的功能，应使器件在推荐的条件下工作。对CT0000系列(74LS系列)器件，主要条件有：

(1) 电源电压应在4.75～5.25 V的范围内。

(2) 环境温度在0℃～70℃之间。

(3) 高电平输入电压$V_{IH}>2$ V，低电平输入电压$V_{IL}<0.8$ V。

(4) 输出电流应小于最大推荐值(查手册)。

(5) 工作频率不能高，一般的门和触发器的最高工作频率约为30 MHz左右。

TTL器件使用须知：

(1) 电源电压应严格保持在5V±10%的范围内，过高易损坏器件，过低则不能正常工作。实验中一般采用稳定性好、内阻小的直流稳压电源。使用时，应特别注意电源与地线不能错接，否则会因电流过大而造成器件损坏。

(2) 多余输入端最好不要悬空，虽然悬空相当于高电平，并不影响与门(与非门)的逻辑功能，但悬空时易受干扰。为此，与门、与非门的多余输入端可直接接到V_{CC}上，或通过一个公用电阻(几千欧)连到V_{CC}上。若前级驱动能力强，则可将多余输入端与使用端并接。不用的或门、或非门输入端直接接地，与或非门不用的与门输入端至少有一个要直接接地，带有扩展端的门电路其扩展端不允许直接接电源。

(3) 输出端不允许直接接电源或接地(但可以通过电阻与电源相连)；不允许直接并联使用(集电极开路门和三态门除外)。

(4) 应考虑电路的负载能力(即扇出系数)，要留有余地，以免影响电路的正常工作，扇出系数可通过查阅器件手册或计算获得。

(5) 在高频工作时，应通过缩短引线、屏蔽干扰源等措施，抑制电流的尖峰干扰。

1.3.3　CMOS数字集成电路的特点及使用须知

CMOS数字集成电路的特点：

(1) 静态功耗低：电源电压V_{DD}=5 V的中规模电路的静态功耗小于100 μW，从而有利于提高集成度和封装密度，降低成本，减小电源功耗。

(2) 电源电压范围宽：4000系列CMOS电路的电源电压范围为3～18 V，从而使电源的选择余地变大，电源设计要求降低。

(3) 输入阻抗高：正常工作的CMOS集成电路，其输入端保护二极管处于反偏状态，直流输入阻抗可大于100 MΩ，在工作频率较高时，应考虑输入电容的影响。

(4) 扇出能力强：在低频工作时，一个输出端可驱动50个以上的CMOS器件的输入端，这主要是因为CMOS器件的输入电阻高的缘故。

(5) 抗干扰能力强：CMOS集成电路的电压噪声容限可达电源电压的45%，而且高电平和低电平的噪声容限值基本相等。

(6) 逻辑摆幅大：空载时，输出高电平$V_{OH}>V_{DD}-0.05$V，输出低电平$V_{OL}<V_{SS}+0.05$ V。

CMOS集成电路还有较好的温度稳定性和较强的抗辐射能力。不足之处是，一般CMOS器件的工作速度比TTL集成电路低，功耗随工作频率的升高而显著增大。

CMOS器件的输入端和V_{SS}之间接有保护二极管，除了电平变换器等一些接口电路外，输入端和正电源V_{DD}之间也接有保护二极管，因此，在正常运转和焊接CMOS器件时，一般不会因感应电荷而损坏器件。但是，在使用CMOS数字集成电路时，输入信号的低电平不能低于($V_{SS}-0.5$ V)，除某些接口电路外，输入信号的高电平不得高于($V_{DD}+0.5$V)，否则可能引起保护二极管导通甚至损坏，进而可能使输入级损坏。

CMOS器件使用须知：

(1) 电源连接和选择：V_{DD}端接电源正极，V_{SS}端接电源负极(地)。绝对不许接错，否则器件会因电流过大而损坏。对于电源电压范围为3～18 V系列器件，如CC4000系列，实验中V_{DD}通常接+5 V电源，V_{DD}电压选在电源变化范围的中间值，例如电源电压在8～12 V之间变化，则选择V_{DD}=10 V较恰当。

CMOS器件在不同的V_{DD}值下工作时，其输出阻抗、工作速度和功耗等参数都有所变化，设计中须考虑。

(2) 输入端处理：多余输入端不能悬空，应按逻辑要求接V_{DD}或接V_{SS}，以免受干扰造成逻辑混乱，甚至还会损坏器件。对于工作速度要求不高，而要求增加带负载能力时，可把输入端并联使用。

对于安装在印刷电路板上的CMOS器件，为了避免输入端悬空，在电路板的输入端应接入限流电阻R_P和保护电阻R，当$V_{DD}=+5$ V时，R_P取5.1 kΩ，R一般取100 kΩ～1 MΩ。

(3) 输出端处理：输出端不允许直接接V_{DD}或V_{SS}，否则将导致器件损坏，除三态(TS)器件外，不允许两个不同芯片输出端并联使用，但有时为了增加驱动能力，同一芯片上的输出端可以并联。

(4) 对输入信号V_i的要求：V_i的高电平$V_{IH}<V_{DD}$，V_{IL}的低电平V_{IL}小于电路系统允许的低电压；当器件V_{DD}端未接通电源时，不允许信号输入，否则可能使输入端保护电路中的二极管损坏。

1.4 数字逻辑电路的测试方法

1.4.1 组合逻辑电路的测试

组合逻辑电路测试的目的是验证其逻辑功能是否符合设计要求，也就是验证其输出与输入的关系是否与真值表相符。

1. 静态测试

静态测试是在电路静止状态下测试输出与输入的关系。将输入端分别接到逻辑开关上，用发光二极管分别显示各输入和输出端的状态。按真值表将输入信号一组一组地依次送入被测电路，测出相应的输出状态，与真值表相比较，借以判断此组合逻辑电路静态工作是否正常。

2. 动态测试

动态测试是测量组合逻辑电路的频率响应。在输入端加上周期性信号，用示波器观察输入、输出波形。测出与真值表相符的最高输入脉冲频率。

1.4.2 时序逻辑电路的测试

时序逻辑电路测试的目的是验证其状态的转换是否与状态图相符合。可用发光二极管、数码管或示波器等观察输出状态的变化。常用的测试方法有两种。一种是单拍工作方式：以单脉冲源作为时钟脉冲，逐拍进行观测。另一种是连续工作方式：以连续脉冲源作为时钟脉冲，用示波器观察波形，来判断输出状态的转换是否与状态图相符。

1.5 常用电子仪器简介

电子测量仪器仪表按工作原理和用途大体可分为万用表、示波器、信号发生器、集成电路测试仪、LCR参数测试仪、频谱分析仪等。

1. 多用电表

模拟式电压表、模拟多用表(即指针式万用表 VOM)、数字电压表、数字多用表(即数字万用表 DMM)都属于多用电表，是经常使用的仪表。它们分别可以用来测量交流/直流电压、交流/直流电流、电阻阻值、电容器容量、电感量、音频电平、频率、NPN 或 PNP 晶体管电流放大倍数 β 值等。

模拟式万用表的面板结构图如图 1-1 所示。

数字式万用表的面板结构图如图 1-2 所示。

图 1-1　模拟式万用表的面板结构图

图 1-2　数字式万用表的面板结构图

2. 示波器

示波器是一种测量电压波形的电子仪器，它可以把被测电压信号随时间变化的规律用图形显示出来。使用示波器不仅可以直观而形象地观察被测物理量的变化全貌，而且可以通过它显示的波形测量电压和电流，进行频率和相位的比较，以及描绘特性曲线等。

示波器可以分为模拟示波器和数字示波器，对于大多数的电子应用，无论模拟示波器还是数字示波器都可以胜任，只是对于一些特定的应用，由于模拟示波器和数字示波器所具备的不同特性，才会出现适合和不适合的情况。

数字示波器的外形如图 1-3 所示。

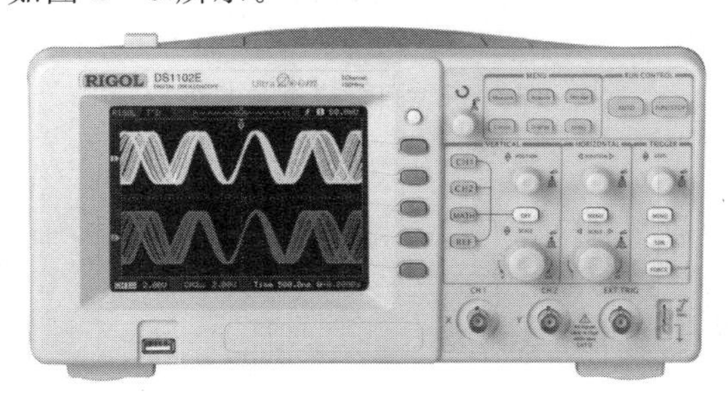

图 1-3　数字示波器

模拟示波器的工作方式是直接测量信号电压，并且通过从左到右穿过示波器屏幕的电子束在垂直方向描绘电压。

数字示波器的工作方式是通过模拟转换器(ADC)把被测电压转换为数字信息。数字示波器捕获的是波形的一系列样值，并对样值进行存储，存储限度是判断累计的样值是否能描绘出波形为止，随后，数字示波器重构波形。

3. 函数信号发生器

函数信号发生器是一种可以提供精密信号源的仪器，也就是俗称的波形发生器，最基本的应用就是通过函数信号发生器产生正弦波/方波/锯齿波/脉冲波/三角波等具有一些特定周期性(或者频率)的时间函数波形来供大家作为电压输出或者功率输出等，它的频率范围跟它本身的性能有关，一般情况可以从几毫赫甚至几微赫，甚至还可以显示输出超低频直到几十兆赫频率的波形信号。

函数信号发生器主要由信号产生电路、信号放大电路等部分组成，可输出正弦波、方波、三角波三种信号波形。输出信号电压幅度可由输出幅度调节旋钮进行调节，输出信号频率可通过频段选择及调频旋钮进行调节。

函数信号发生器的外形如图 1-4 所示。

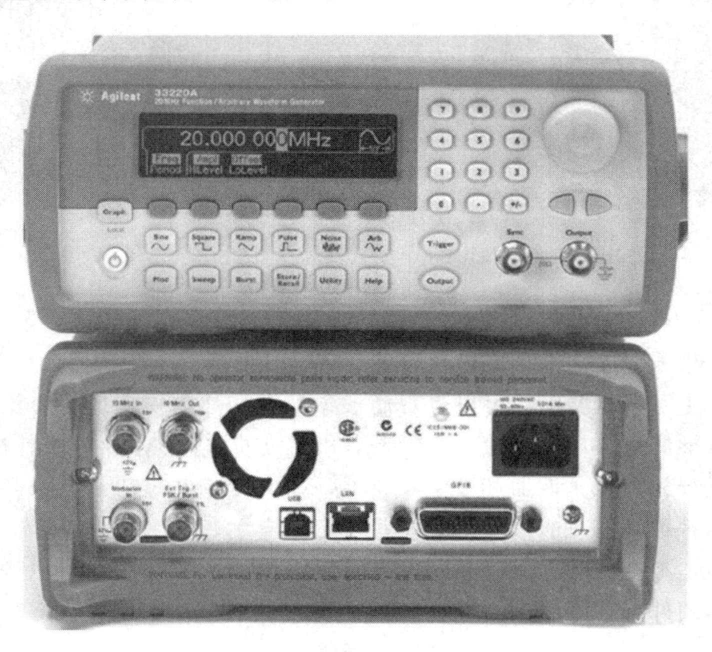

图 1-4　函数信号发生器

4. LCR 参数测试仪

电感、电容、电阻参数测量仪，不仅能自动判断元件性质，而且能将符号图形显示出来，并显示出其值，还能测量 Q、Z、Lp、Ls、Cp、Cs、Kp、Ks 等参数，且显示出等效电路图形。

5. 集成电路测试仪

集成电路测试仪可对 TTL、PMOS、CMOS 数字集成电路的功能和参数进行测试，还可判断抹去字的芯片型号及对集成电路进行在线功能测试、在线状态测试。集成电路测试仪的外形如图 1－5 所示。

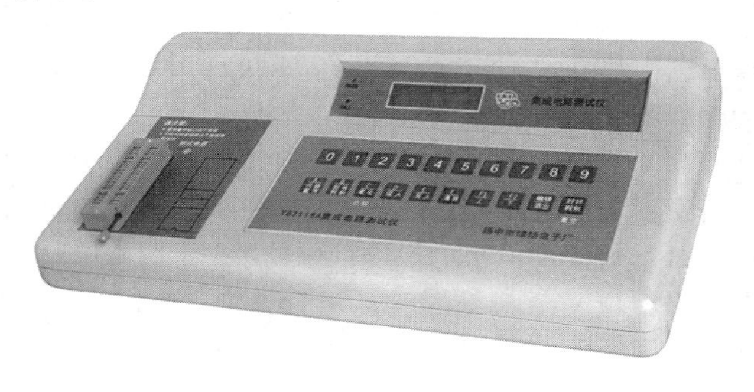

图 1－5　集成电路测试仪

6. 频谱分析仪

频谱分析仪是研究电信号频谱结构的仪器，用于信号失真度、调制度、谱纯度、频率稳定度和交调失真等信号参数的测量，还可用以测量放大器和滤波器等电路系统的某些参数，是一种多用途的电子测量仪器。它又可称为频域示波器、跟踪示波器、分析示波器、谐波分析器、频率特性分析仪或傅里叶分析仪等。现代频谱分析仪能以模拟方式或数字方式显示分析结果，能分析 1 Hz 以下的甚低频到亚毫米波段的全部无线电频段的电信号。仪器内部若采用数字电路和微处理器，则具有存储和运算功能；配置标准接口，还可以构成自动测试系统。频谱分析仪在频域信号分析、测试、研究、维修中有着广泛的应用。频谱分析仪的外形如图 1－6 所示。

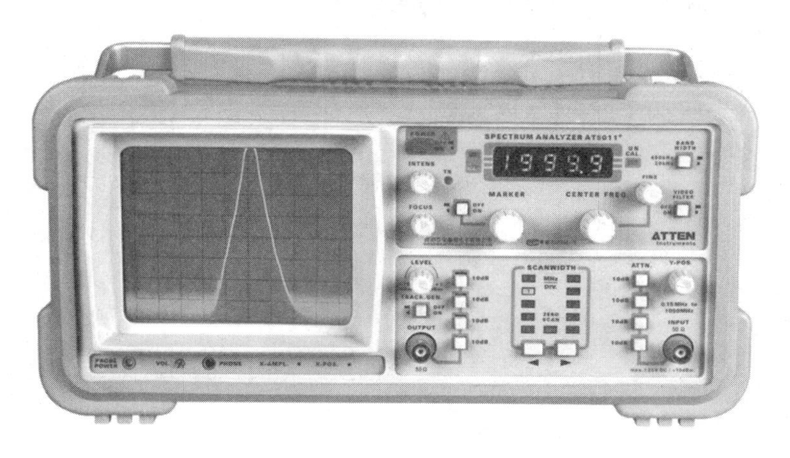

图 1－6　频谱分析仪

7. 逻辑分析仪

逻辑分析仪是分析数字系统逻辑关系的仪器。逻辑分析仪是属于数据域测试仪器中的一种总线分析仪，即以总线(多线)概念为基础，同时对多条数据线上的数据流进行观察和测试的仪器，这种仪器对复杂的数字系统的测试和分析十分有效。逻辑分析仪是利用时钟从测试设备上采集和显示数字信号的仪器，最主要作用在于时序判定。由于逻辑分析仪不像示波器那样有许多电压等级，通常只显示两个电压(逻辑 1 和 0)，因此设定了参考电压后，逻辑分析仪将被测信号通过比较器进行判定，高于参考电压者为 High，低于参考电压者为 Low，在 High 与 Low 之间形成数字波形。

逻辑分析仪的工作过程就是数据采集、存储、触发、显示的过程，由于它采用数字存储技术，可将数据采集工作和显示工作分开进行，也可同时进行。必要时，对存储的数据可以反复进行显示，以利于对问题的分析和研究。

将被测系统接入逻辑分析仪，使用逻辑分析仪的探头(将若干个探极集中起来，其触针细小，以便于探测高密度集成电路)监测被测系统的数据流，形成并行数据送至比较器，输入信号在比较器中与外部设定的门限电平进行比较，大于门限电平值的信号在相应的线上输出高电平，反之输出低电平时对输入波形进行整形。经比较整形后的信号送至采样器，在时钟脉冲控制下进行采样。被采样的信号按顺序存储在存储器中。采样信息以“先进先出”的原则组织在存储器中，得到显示命令后，按照先后顺序逐一读出信息，按设定的显示方式进行显示。逻辑分析仪的外形如图 1-7 所示。

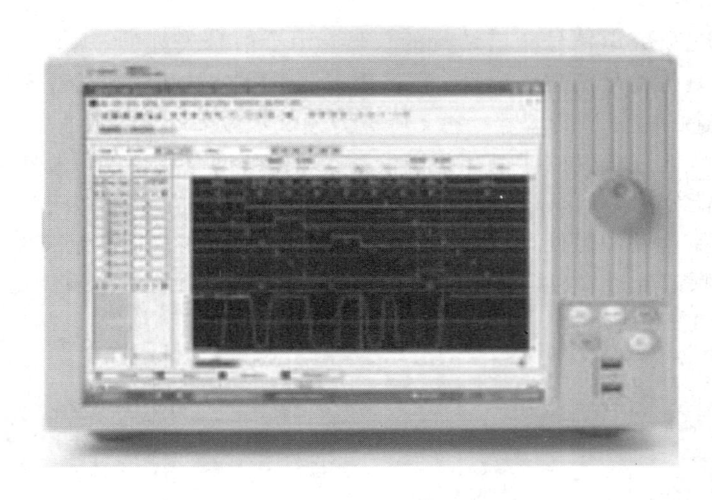

图 1-7　逻辑分析仪

第二部分

数字电子技术基础性实验

实验一　集成逻辑门电路逻辑功能的测试

一、实验目的

（1）熟悉数字电路实验箱的结构、基本功能和使用方法。

（2）熟悉数字万用表和常用仪器的使用方法。

（3）掌握常用与非门、或非门、非门的逻辑功能。

（4）掌握数字电路的测试方法。

二、实验原理及参考电路

集成逻辑门电路是最简单、最基本的数字集成元件。任何复杂的组合电路和时序电路都可用逻辑门通过适当的组合连接而成。目前已有门类齐全的集成门电路，例如“与门”、“或门”、“非门”、“与非门”等。虽然中、大规模集成电路相继问世，但组成某一系统时，仍少不了各种门电路。因此，掌握逻辑门的工作原理，熟练、灵活地使用逻辑门是数字技术工作者所必备的基本功之一。

1. TTL 门电路简介

TTL 集成电路由于工作速度高、输出幅度较大、种类多、不易损坏而使用较广，特别对学生进行实验验证，选用 TTL 电路比较合适。因此，本书实验大多采用 74LS(或 74)系列 TTL 集成电路。它的工作电源电压为 5 V±0.5 V，逻辑高电平“1”时≥2.4 V，低电平“0”时≤0.4 V。

TTL 数字集成电路约有 400 多个品种，大致可以分为以下几类：门电路、译码器/驱动器、触发器、计数器、移位寄存器、单稳、双稳电路、多谐振荡器、加法器、乘法器、奇偶校验器、码制转换器、线驱动器/线接收器、多路开关、存储器等。

如图 2-1-1 所示，TTL 集成门电路集成块管脚分别对应逻辑符号图中的输入、输出端，电源和地一般为集成块的两端，如 14 管脚集成块，则 7 脚为电源地(GND)，14 脚为电源正(Vcc)，其余管脚为输入和输出。

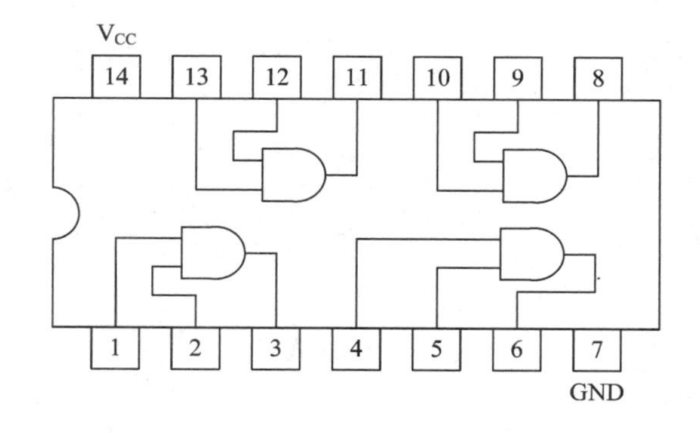

图 2-1-1　TTL 集成门电路管脚排列图

管脚的识别方法是：将集成块正面(有字的一面)对准使用者，以上边凹口或小标志凹坑为起始脚，从上往下按逆时针方向向前数 1、2、3、…、n 脚。使用时，查找 IC 手册即可知各管脚的功能。74LS08 集成电路管脚排列及标示如图 2-1-2 所示。

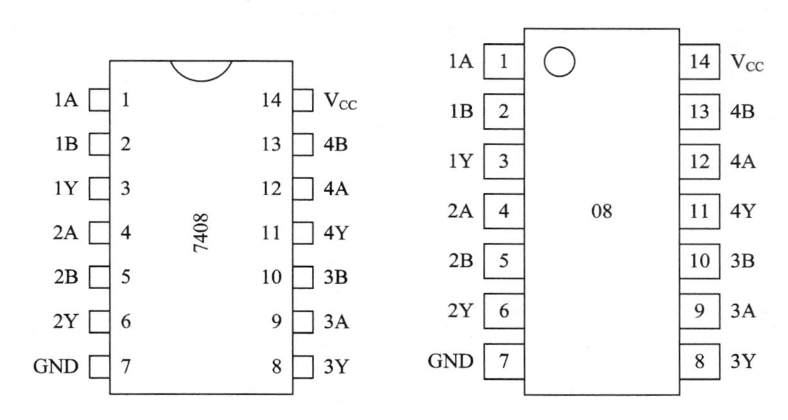

图 2-1-2　74LS08 集成电路管脚排列及标示图

2. 部分常用数字集成电路引脚排列图

(1) 四路 2 输入与非门 74LS00 集成电路管脚排列如图 2-1-3 所示。

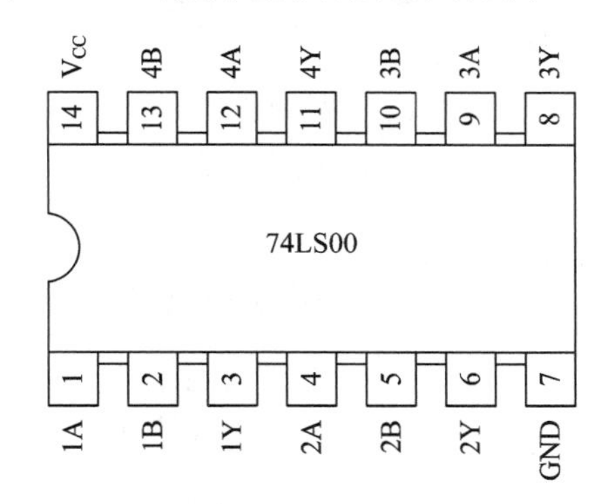

图 2-1-3　74LS00 集成电路管脚排列图

(2) 六非门(反向器)74LS04 集成电路管脚排列如图 2-1-4 所示。

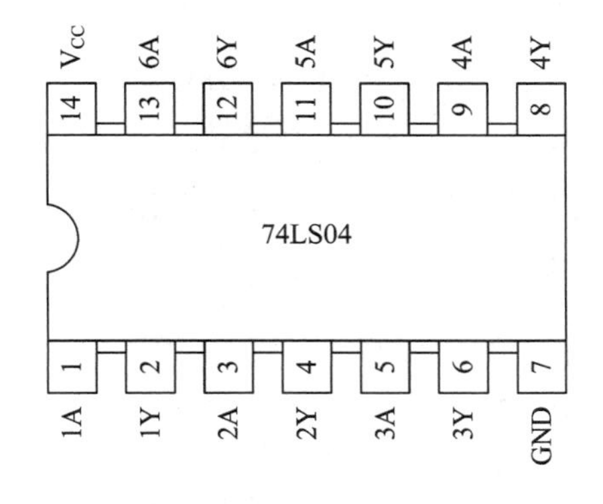

图 2-1-4　六反向器 74LS04 集成电路管脚排列图

(3) 二路4输入与或非门74LS55集成电路管脚排列如图2-1-5所示。

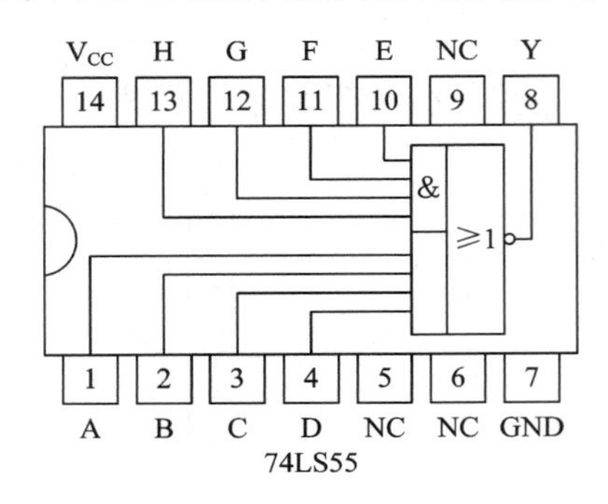

图2-1-5 74LS55集成电路管脚排列图

(4) 四异或门74LS86集成电路管脚排列如图2-1-6所示。

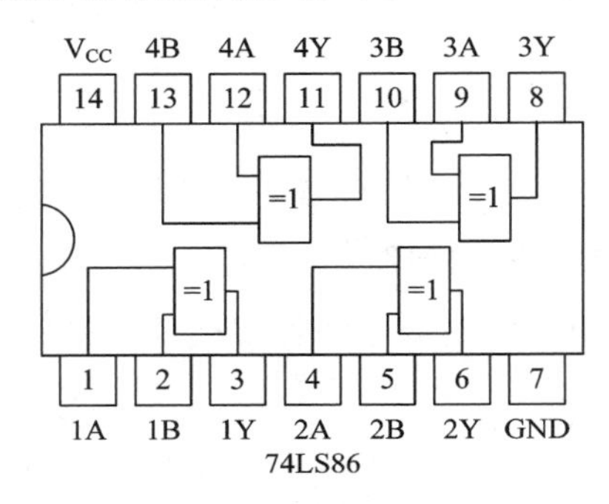

图2-1-6 74LS86集成电路管脚图

3. 与非门

与非门电路是数字电路中运用最广的一种逻辑门电路，逻辑符号及波形图如图2-1-7所示。

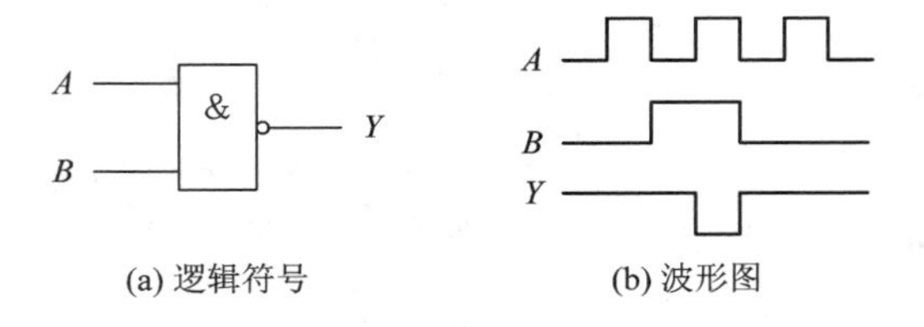

图2-1-7 与非门逻辑符号及波形图

与非门的逻辑功能为：输入信号全为1，则输出为0；只要有一个输入为0，则输出为1。与非门的逻辑功能如表2-1-1所示，只需按真值表逐项验证即可。

表2-1-1 TTL与非门功能表

A	*B*	*Y*
0	0	1
0	1	1
1	0	1
1	1	0

与非门的逻辑验证具体连接方法如图 2-1-8 所示。

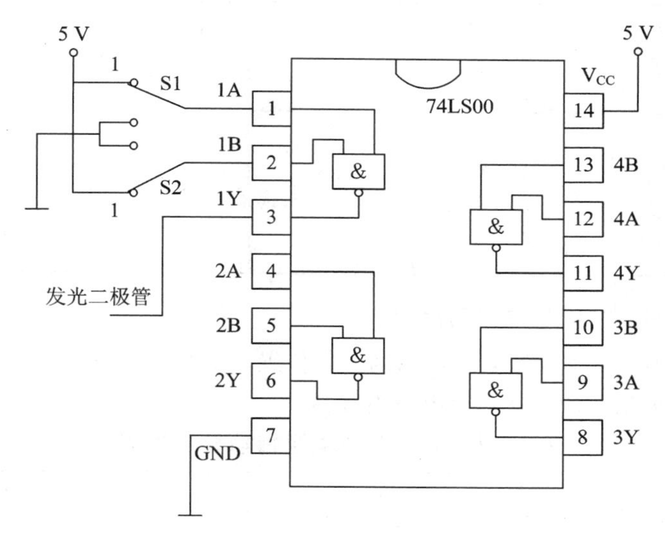

图 2-1-8　74LS00 集成电路逻辑验证接线图

图 2-1-8 中 74LS00 集成电路的 1、2 两脚接开关 S1、S2，分别控制 A、B 的输入，S1(S2)接 5 V 是高电平输入，A(B)为“1”；接地时是低电平输入，A(B)为“0”。集成电路的 3 脚是逻辑门输出，接发光二极管，当输出是“1”时(Y=1)，即输出高电平，发光二极管亮。通过 S1、S2 的不同选择，发光二极管会按照与非逻辑规律时亮时暗。7、14 脚分别接地和电源(TTL 集成电路电源接 5 V)。

三、实验设备与器件

(1) 数字逻辑实验箱 DSB-3，1 台。

(2) 数字万用表，1 只。

(3) 元器件 74LS00、74LS04、74LS55、74LS86，各一块。

(4) 导线若干。

四、预习要求

(1) 了解常用 TTL 和 CMOS 门电路的主要功能。

(2) 熟悉各测试电路，了解测试原理及测试方法。

(3) 熟悉常用非门、与非门、或非门、与或非门、异或门的外引线排列。

五、实验内容

1. 测试 74LS00(四 2 输入端与非门)逻辑功能

将 74LS00 正确接入面包板，注意识别 1 脚位置(集成块正面放置且缺口向左，则左下角为 1 脚)，按表 2-1-2 的要求输入高、低电平信号，测出相应的输出逻辑电平，得出逻辑表达式。

表 2-1-2 74LS00 逻辑功能测试表

1A	1B	1Y	2A	2B	2Y	3A	3B	3Y	4A	4B	4Y
0	0		0	0		0	0		0	0	
0	1		0	1		0	1		0	1	
1	0		1	0		1	0		1	0	
1	1		1	1		1	1		1	1	

2. 测试 74LS04(六非门)逻辑功能

将 74LS04 正确接入面包板，注意识别 1 脚位置，按表 2-1-3 的要求输入高、低电平信号，测出相应的输出逻辑电平，得出逻辑表达式。

表 2-1-3 74LS04 逻辑功能测试表

1A	1Y	2A	2Y	3A	3Y	4A	4Y	5A	5Y	6A	6Y
0		0		0		0		0		0	
1		1		1		1		1		1	

3. 测试 74LS55(二路 4 输入与或非门)逻辑功能

将 74LS55 正确接入面包板，注意识别 1 脚位置，按表 2-1-4 要求输入信号，测出相应的输出逻辑电平，填入表中(表中仅列出供抽验逻辑功能用的部分数据)，得出逻辑表达式。

表 2-1-4 74LS55 逻辑功能测试表

A	B	C	D	E	F	G	H	Y
0	0	0	0	0	0	0	0	
0	0	0	0	0	1	1	1	
0	0	0	0	1	0	1	1	
0	0	0	0	1	1	0	1	
0	0	0	0	1	1	1	0	
0	0	0	0	1	1	1	1	
1	1	1	1	0	0	0	0	
1	0	1	1	0	1	1	0	
1	1	1	1	1	1	1	1	

4. 测试 74LS86(四异或门)逻辑功能

将 74LS86 正确接入面包板，注意识别 1 脚位置，按表 2-1-5 要求输入信号，测出相应的输出逻辑电平，得表达式为 $Y=A\oplus B$。

表 2-1-5　74LS86 逻辑功能测试表

$1A$	$1B$	$1Y$	$2A$	$2B$	$2Y$	$3A$	$3B$	$3Y$	$4A$	$4B$	$4Y$
0	0		0	0		0	0		0	0	
0	1		0	1		0	1		0	1	
1	0		1	0		1	0		1	0	
1	1		1	1		1	1		1	1	

六、实验报告要求

(1) 整理实验结果，并对实验结果进行分析。

(2) 画出各项实验过程所测量得出的表格。

(3) 回答思考题。

七、思考题

(1) 除了本实验使用的型号以外，常用的 TTL 集成门电路还有哪些型号？

(2) 常用的 CMOS 集成门电路有哪些型号？与本实验使用的 TTL 集成门电路功能相对应的是什么型号？

八、注意事项

TTL 和 CMOS 与非门在使用时有很多不同之处，必须严格遵循。

(1) TTL 与非门对电源电压的稳定性要求较严，只允许在 5 V 上有±10%的波动。电源电压超过 5.5 V 易使器件损坏；低于 4.5 V 又易导致器件的逻辑功能不正常。

(2) TTL 与非门不用的输入端允许悬空(但最好接高电平)，不能接低电平。

(3) TTL 与非门的输出端不允许直接接电源电压或地，也不能并联使用。

(4) CMOS 与非门的电源电压允许在较大范围内变化，例如 3～18 V 电压均可，一般取中间值为宜。CMOS 的噪声容限与 V_{DD}成正比，在干扰较大时，应适当提高 V_{DD}。V_{DD}和 V_{SS}绝不能接反，否则将产生过大电流，损坏保护电路或内部电路。

(5) CMOS 与非门不用的输入端不能悬空，应按逻辑功能的要求接 V_{DD}或 V_{SS}。

实验二　集成逻辑门电路的参数测试

一、实验目的

(1) 掌握 TTL 和 CMOS 与非门主要参数的测试方法。

(2) 进一步熟悉数字逻辑实验箱的基本功能和使用方法。

二、实验原理及参考电路

1. TTL 与非门的主要参数

TTL 与非门具有较高的工作速度、较高的抗干扰能力、较大的输出幅度和负载能力等优点，因而得到了广泛的应用。

(1) 输出高电平 V_{OH}：输出高电平是指与非门有一个以上输入端接地和接低电平时的输出电平值。空载时，V_{OH} 必须大于标准的高电平(V_{SH} = 2.4 V)。V_{OH} 的测试电路如图 2-2-1 所示。

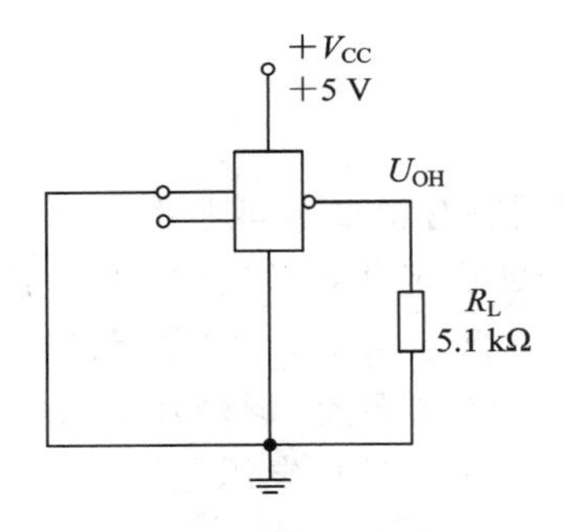

图 2-2-1　V_{OH}的测试电路

(2) 输出低电平 V_{OL}：输出低电平是指与非门的所有输入端都接高电平时的输出电平值。空载时，V_{OL}必须小于标准的低电平(V_{SL}=0.4 V)。V_{OL}的测试电路如图 2-2-2 所示。

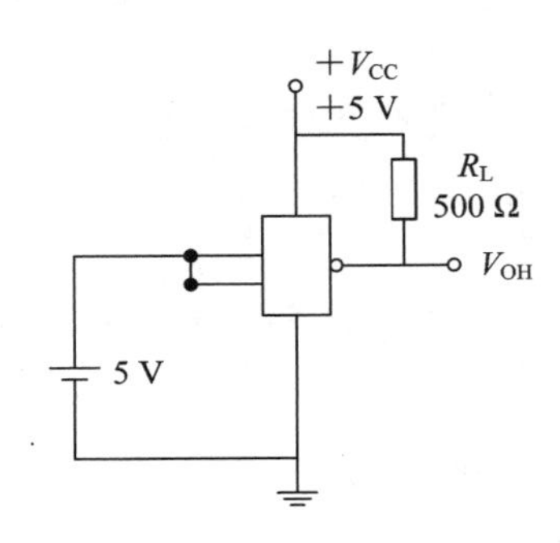

图 2-2-2　V_{OL}的测试电路

(3) 输入短路电流 I_{IS}：输入短路电流是指被测输入端接地，其余输入端悬空时，由被测输入端流出的电流。前级输出低电平时，后级门的 I_{IS} 就是前级的灌电流负载。

一般 $I_{IS}<1.6$ mA。测试输入短路电流 I_{IS} 的电路如图 2-2-3 所示。

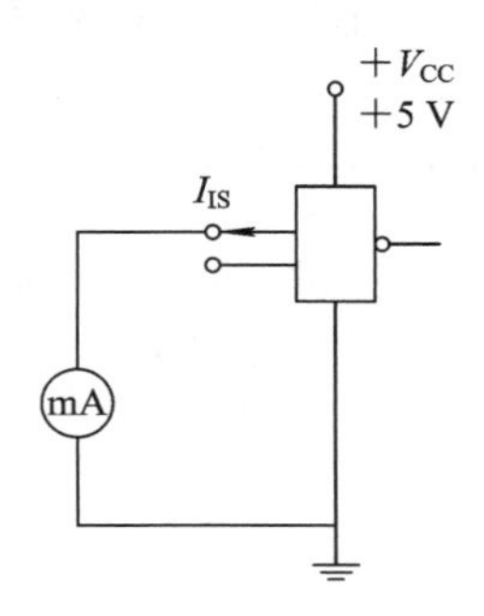

图 2-2-3　输入短路电流 I_{IS} 的测试电路

(4) 扇出系数 N：扇出系数 N 是指能驱动同类门电路的数目，用以衡量带负载的能力。图 2-2-4 所示电路能测试输出低电平时的最大允许负载电流 I_{OL}，然后求得 $N=I_{OL}/I_{IS}$。一般 $N>8$ 的与非门才被认为是合格的。

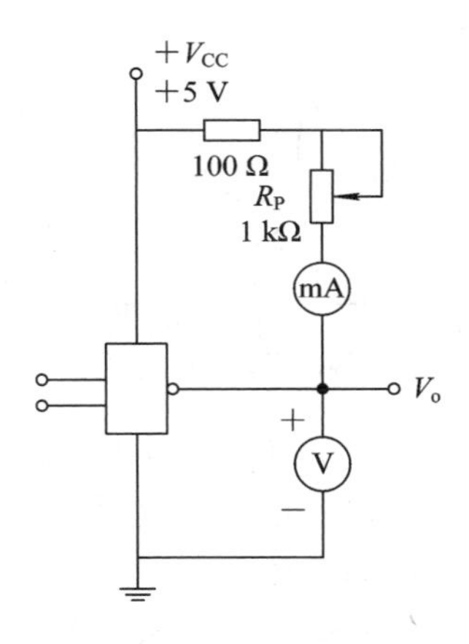

图 2-2-4　I_{OL} 和 N 的测试电路

2. TTL 与非门的电压传输特性

(1) 电压传输特性曲线。与非门的电压传输特性曲线是指与非门的输出电压与输入电压之间的对应关系曲线，即 $V=f(V_i)$，它反映了电路的静态特性。

与非门的电压传输特性曲线测试电路如图 2-2-5 和图 2-2-6 所示。

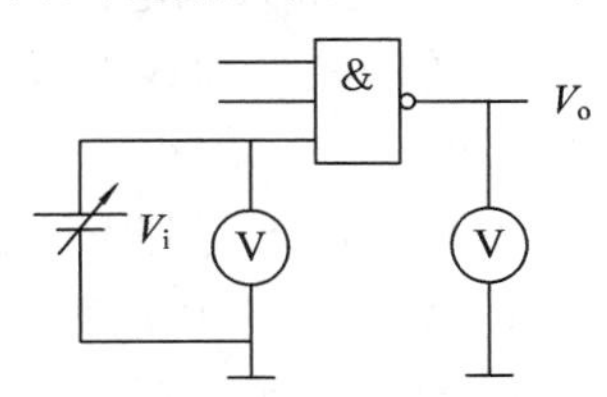

图 2-2-5　与非门的电压传输特性曲线测试电路 1

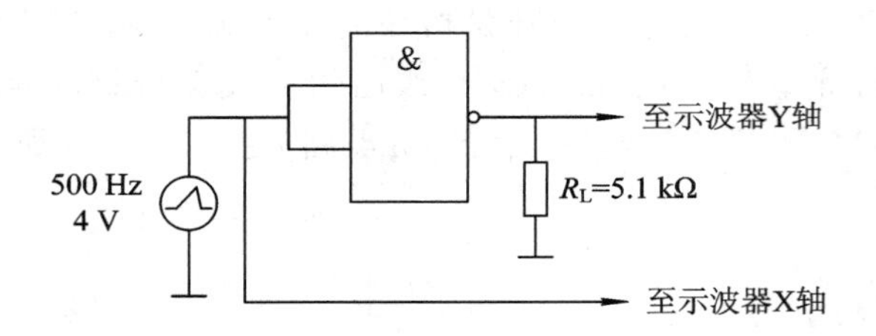

图 2-2-6　与非门的电压传输特性曲线测试电路 2

与非门的电压传输特性曲线如图 2-2-7 所示。

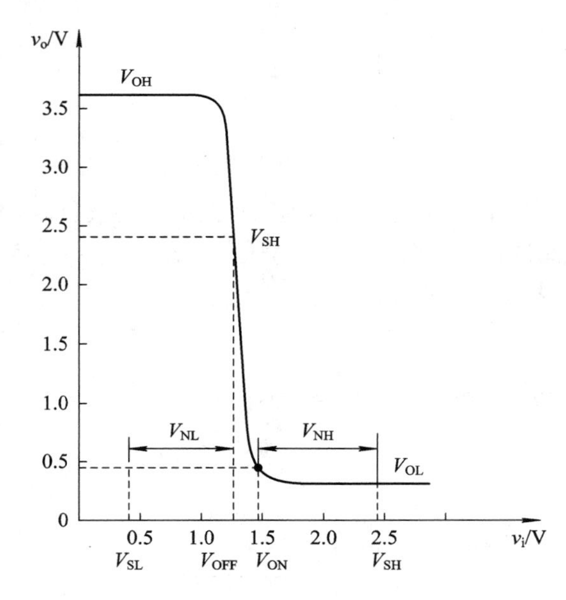

图 2-2-7　与非门的电压传输特性曲线

（2）几个重要参数。利用电压传输特性曲线不仅能检查和判断 TTL 与非门的好坏，还可以从传输特性上直接读出其主要静态参数：

① 输出高电平电压 V_{OH}。V_{OH} 的理论值为 3.6 V，产品规定输出高电压的最小值 $V_{OH(min)}=2.4$ V，即大于 2.4 V 的输出电压就可称为输出高电压 V_{OH}。

② 输出低电平电压 V_{OL}。V_{OL} 的理论值为 0.3 V，产品规定输出低电压的最大值 $V_{OL(max)}=0.4$ V，即小于 0.4 V 的输出电压就可称为输出低电压 V_{OL}。

由上述规定可以看出，TTL 门电路的输出高低电压都不是一个值，而是一个范围。

③ 关门电平电压 V_{OFF}。V_{OFF} 是指输出电压下降到 $V_{OH(min)}$ 时对应的输入电压。显然只要 $V_i<V_{OFF}$，V_o 就是高电压，所以 V_{OFF} 就是输入低电压的最大值，在产品手册中常称为输入低电平电压，用 $V_{IL(max)}$ 表示。从电压传输特性曲线上看 $V_{IL(max)}(V_{OFF})\approx1.3$ V，产品规定 $V_{IL(max)}=0.8$ V。

④ 开门电平电压 V_{ON}。V_{ON} 是指输出电压下降到 $V_{OL(max)}$ 时对应的输入电压。显然只要 $V_i>V_{ON}$，V_o 就是低电压，所以 V_{ON} 就是输入高电压的最小值，在产品手册中常称为输入高电平电压，用 $V_{IH(min)}$ 表示。从电压传输特性曲线上看 $V_{IH(min)}(V_{ON})$ 略大于 1.3 V，产品规定 $V_{IH(min)}=2$ V。

三、实验设备与器件

（1）数字逻辑实验箱 DSB－3，1 台。

（2）数字万用表，2 只。

（3）脉冲信号源，1 台。

（4）示波器，1 台。

（5）元器件 74LS20(T063)、CC4012，各一块；电位器(10 kΩ)，1 只；电阻 5.1 kΩ、1 kΩ、500 Ω、100 Ω，各一只。

（6）导线若干。

四、预习要求

（1）复习 TTL 集成逻辑门的性能参数(输出高电平、输出低电平、开门电平、关门电平、电压传输特性、扇出系数等)的定义。

（2）了解 4 输入双与非门 74LS20 器件外端子的定义。

（3）了解 CMOS 双四输入与非门 CC4012 器件外端子的定义。

五、实验内容

1. TTL 与非门 74LS20 静态参数测试

（1）用数字万用表分别测量 TTL 与非门 74LS00 在带负载和开路两种情况下的输出高电平 V_{OH} 和输出低电平 V_{OL}。测试电路分别如图 2－2－1 及图 2－2－2 所示。

（2）测试 TTL 与非门输入短路电流 I_{IS}。测试电路如图 2－2－8 所示。

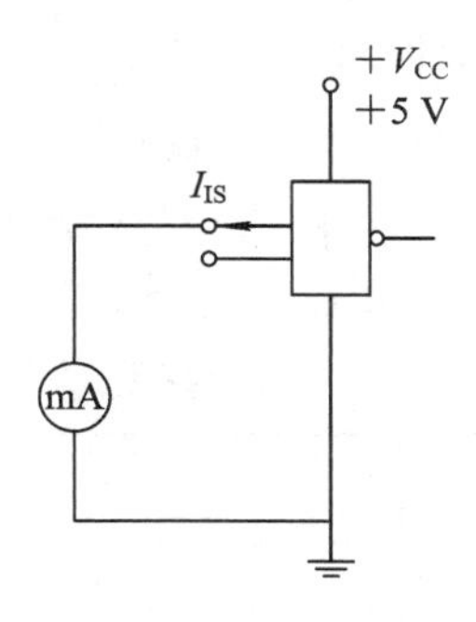

图 2－2－8　TTL 与非门输入短路电流 I_{IS} 测试电路

（3）测试扇出系数。先测试与非门输出为低电平时，允许罐入的最大负载电流 I_{OL}，然后利用公式 $N=I_{OL}/I_{IS}$ 求出该与非门的扇出系数。I_{OL} 和 N 的测试电路如图 2－2－4 所示。

I_{OL} 的具体测试方法有二：① 输出端全部悬空，逐渐减小电阻，读出仍能保持 $V_o=0.4$ V 的最大负载电流，即 I_{OL}。② 输入端全部悬空，输出端用 500 Ω 电阻代替(100 Ω＋Rp)。万用表直流电压挡测量 V_o，若 $V_o\leqslant 0.4$ W，则产品合格。然后再用万用表电流挡测出 I_{OL}，通过公式计算出扇出系数。

（4）测量 TTL 与非门的电压传输特性曲线。

测量方法一：测试电路如图 2－2－9 所示。调节电位器 R_W，使 V_i 从 0V 向 5 V 变化，逐点测试 V_i 和 V_o 值，将结果记录入表 2－2－1 中，并用坐标纸描绘出特性曲线，在曲线上标出 V_{OH}、V_{OL}、V_{ON}、V_{OFF}，计算 V_{NH} 和 V_{NL}。

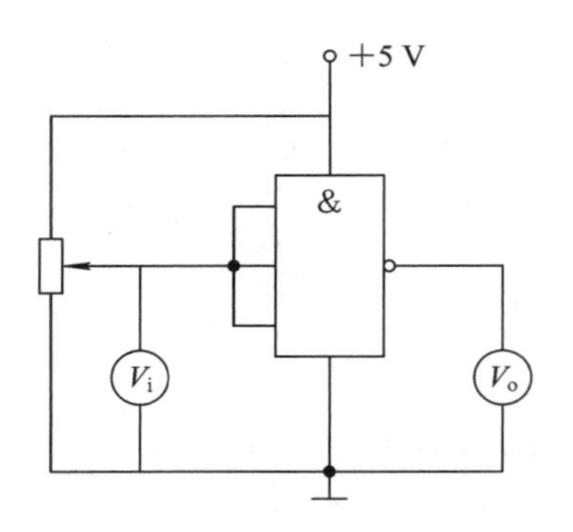

图 2－2－9　TTL 与非门的电压传输特性曲线测量电路

表 2－2－1　TTL 与非门的电压传输特性曲线测量记录表

V_i/V	0.2	0.4	0.6	0.7	0.8	0.9	1.0	1.1	1.2	1.3	1.4	1.5	1.6	1.7	1.8
V_o/V															
V_i/V	1.9	2.0	2.1	2，.2	2.4	2.6	2.8	3.0	3.2	3.4	3.6	3.8	4.0	4.5	5.0
V_o/V															

测量方法二：测量电路如图 2－2－6 所示。在示波器上用显示 X—Y 方式观察曲线，并用坐标纸描绘出特性曲线，在曲线上标出 V_{OH}、V_{OL}、V_{ON}、V_{OFF}，计算 V_{NH} 和 V_{NL}。

2. CMOS 双四输入与非门 CC4012 静态参数测试

将 CC4012 正确插入面包板，测电压传输特性。测试电路和方法同上，输出端为空载测量。将结果记录入表 2－2－2 中，并用坐标纸描绘出特性曲线。

表 2－2－2　CMOS 与非门的电压传输特性曲线测量记录表

V_i/V	0.2	0.4	0.6	0.7	0.8	0.9	1.0	1.1	1.2	1.3	1.4	1.5	1.6	1.7	1.8
V_o/V															
V_i/V	1.9	2.0	2.1	2.2	2.4	2.6	2.8	3.0	3.2	3.4	3.6	3.8	4.0	4.5	5.0
V_o/V															

六、实验报告要求

（1）记录整理实验结果，并对结果进行分析。

（2）画出实测的电压传输特性曲线，并从中读出各有关参数值。

（3）回答思考题。

七、思考题

（1）逻辑器件的驱动能力是由什么参数描述的？在器件应用时，若负载过重会导致什么样的结果。

（2）逻辑器件的最高工作频率主要取决于什么参数？当输入器件的信号频率过高会导致什么样的结果。

（3）测量扇出系数 N 的原理是什么？为什么计算中只考虑输出低电平时的负载电流值，而不考虑输出高电平时的负载电流值？

实验三　组合逻辑电路的实验分析

一、实验目的

(1) 学会组合逻辑电路的实验分析方法。

(2) 验证半加器、全加器的逻辑功能。

二、实验原理及参考电路

1. 组合逻辑电路

组合逻辑电路是最常见的逻辑电路之一，其特点是在任一时刻的输出信号仅取决与该时刻的输入信号，而与信号作用前线路原来所处的状态无关。

组合逻辑电路有很多，常见的有半加器、全加器、编码器、译码器、数据选择器、数据分配器和数值比较器等。

组合逻辑电路的设计步骤是，先根据实际的逻辑问题进行逻辑抽象，定义逻辑状态的含义，再按照给定事件因果关系列出逻辑真值表。然后用卡诺图或代数法化简，求出最简逻辑表达式，用给定的逻辑门电路实现简化后的逻辑表达式，画出逻辑电路图。

值得注意的是，这里所说的“最简”，是指电路所用的器件数最少，器件的种类最少，而且器件之间的连线最少。

若已知逻辑电路，要分析电路功能，则分析步骤为：由逻辑图写出各输出端的逻辑表达式；列出真值表；根据真值表进行分析；确定电路功能。

2. 半加器

半加器(Half-Adder)电路是指对两个输入数据位相加，输出一个结果位和进位，没有进位输入的加法器电路，是实现两个一位二进制数的加法运算电路。半加器是一种典型的组合逻辑电路。

在实验过程中，可以选全与非门如74LS00、反相器74LS04组成半加器；也可用异或门74LS86及与门74LS08来实现半加器的逻辑功能。半加器的逻辑电路图如图2-3-1所示。

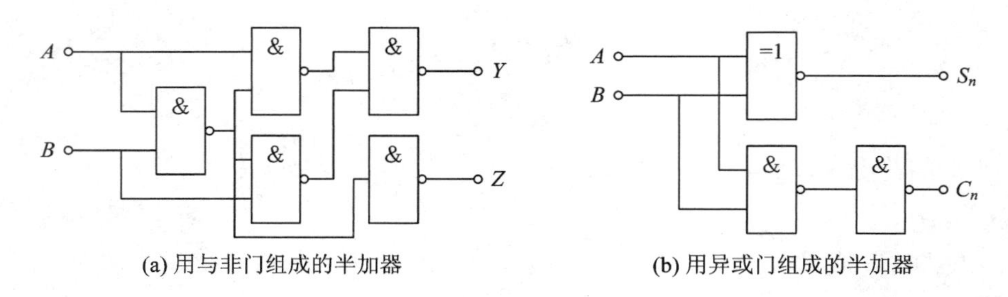

(a) 用与非门组成的半加器　　(b) 用异或门组成的半加器

图 2-3-1　半加器逻辑电路图

半加器的真值表如表2-3-1所示。表中的两个输入是加数 A_i 和 B_i，两个输出一个是

和 S_i，另一个是进位 C_i。

表 2-3-1　半加器的真值表

输　入		输　出	
A_i	B_i	C_i	S_i
0	0	0	0
0	1	0	1
1	0	0	1
1	1	1	0

3. 全加器

全加器(Full-Adder)是用门电路实现两个二进制数相加并求出和的组合电路。一位全加器可以处理低位进位，并输出本位加法进位。多个一位全加器进行级联可以得到多位全加器。

用门电路实现的全加器逻辑电路图如图 2-3-2 所示。

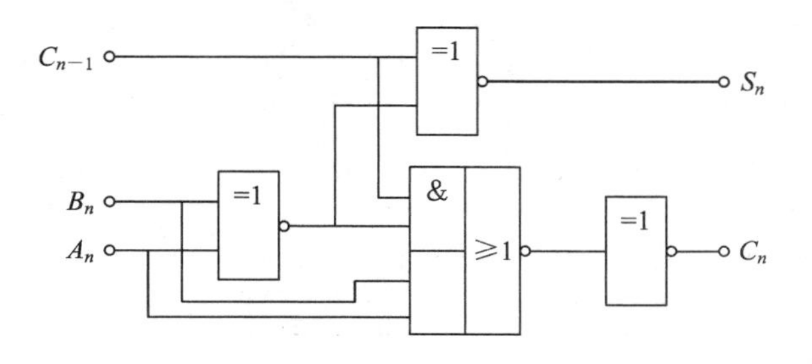

图 2-3-2　全加器逻辑电路图

一位全加器的真值表如表 2-3-2 所示，其中，A_i 为被加数，B_i 为加数，相邻低位来的进位数为 C_{n-1}，输出本位和为 S_n，向相邻高位进位数为 C_n。

表 2-3-2　全加器的真值表

输　入			输　出	
C_{n-1}	A_i	B_i	S_n	C_n
0	0	0	0	0
0	0	1	1	0
0	1	0	1	0
0	1	1	0	1
1	0	0	1	0
1	0	1	0	1
1	1	0	0	1
1	1	1	1	1

三、实验设备与器件

(1) 数字逻辑实验箱 DSB-3，1 台。

(2) 数字万用表，2 只。
(3) 元器件 74LS00、74LS20、74LS55、74LS86，各一块。
(4) 电阻及导线若干。

四、预习要求

(1) 复习组合逻辑电路的定义、组成、设计和分析方法。
(2) 了解 74LS00、74LS20、74LS55、74LS86 器件外端子的定义。
(3) 熟悉半加器和全加器的逻辑功能。

五、实验内容

1. 测试用与非门构成的组合逻辑电路的逻辑功能

按图 2-3-1(a)所示电路接线。按表 2-3-3 要求输入信号，测出相应的输出逻辑电平，并填入表中。分析电路的逻辑功能，写出逻辑表达式。

表 2-3-3 与非门组成的半加器测试表

A	B	Y	Z
0	0		
0	1		
1	0		
1	1		

2. 测试用异或门和与非门组成的组合逻辑电路的逻辑功能

按图 2-3-1(b)所示电路接线。按表 2-3-4 要求输入信号，测出相应的输出逻辑电平，并填入表中。分析电路的逻辑功能，写出逻辑表达式。

表 2-3-4 异或门组成的半加器测试表

A	B	S_n	C_n
0	0		
0	1		
1	0		
1	1		

3. 测试用异或门、非门和与或非门组成的组合逻辑电路的逻辑功能

按图 2-3-2 所示电路接线。按表表 2-3-5 要求输入信号，测出相应的输出逻辑电平，并填入表中。分析电路的逻辑功能，写出逻辑表达式。

表 2-3-5　异或门、非门和与或非门组成的全加器测试表

C_{n-1}	A_i	B_i	S_n	C_n
0	0	0		
0	0	1		
0	1	0		
0	1	1		
1	0	0		
1	0	1		
1	1	0		
1	1	1		

六、实验报告要求

(1) 记录整理实验结果，填写相应的表格。

(2) 分析电路的逻辑功能，写出逻辑表达式。

(3) 回答思考题。

七、思考题

(1) 组合逻辑电路的主要特点是什么？

(2) 还有哪些方法可以实现半加器和全加器的逻辑功能？

实验四 数据选择器

一、实验目的

(1) 进一步熟悉用实验来分析组合逻辑电路功能的方法。

(2) 熟悉中规模集成八选一数据选择器 74LS151 的逻辑功能及应用。

(3) 了解组合逻辑电路由小规模集成电路设计和由中规模集成电路设计的不同特点。

二、实验原理

数据选择器(Data-Selector)是指根据给定的输入地址代码，从一组输入信号中选出指定的一个送至输出端的组合逻辑电路。有时也把它叫作多路选择器或多路调制器(Multiplexer)。其作用相当于多路开关。常见的数据选择器有四选一、八选一、十六选一电路。

74LS151 为互补输出的 8 选 1 数据选择器，引脚排列如图 2-4-1 所示，功能如表 2-4-1 所示。

选择控制端(地址端)为 $A_2 \sim A_0$，按二进制译码，从 8 个输入数据 $D_0 \sim D_7$ 中选择一个需要的数据送到输出端 Q，$\overline{S}$ 为使能端且低电平有效。

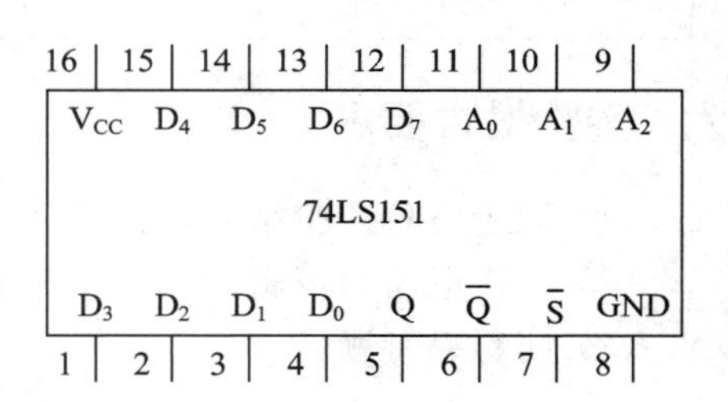

图 2-4-1 74LS151 引脚排列

表 2-4-1 74LS151 逻辑功能表

输入				输出	
$\overline{S}$	A_2	A_1	A_0	Q	$\overline{Q}$
1	×	×	×	0	1
0	0	0	0	D_0	$\overline{D}_0$
0	0	0	1	D_1	$\overline{D}_1$
0	0	1	0	D_2	$\overline{D}_2$
0	0	1	1	D_3	$\overline{D}_3$
0	1	0	0	D_4	$\overline{D}_4$
0	1	0	1	D_5	$\overline{D}_5$
0	1	1	0	D_6	$\overline{D}_6$
0	1	1	1	D_7	$\overline{D}_7$

使能端 $\overline{S}=1$ 时，不论 $A_2 \sim A_0$ 状态如何，均无输出($Q=0$)，多路开关被禁止。

使能端 $\overline{S}=0$ 时，多路开关正常工作，根据地址码 A_2、A_1、A_0 的状态选择 $D_0 \sim D_7$ 中某一个通道的数据输送到输出端 Q。

当 $A_2A_1A_0=000$ 时，选择 D_0 数据输送到输出端，即 $Q=D_0$；当 $A_2A_1A_0=001$ 时，选择 D_1 数据输送到输出端，即 $Q=D_1$；其余类推。

三、实验设备与器件

(1) 数字逻辑实验箱 DSB-3，1 台。

(2) 万用表，1 只。

(3) 元器件 74LS00、74LS04、74LS20、74LS151，各 1 块。

(4) 导线若干。

四、预习要求

(1) 复习组合逻辑电路的设计和分析方法。

(2) 了解 74LS151 器件外端子的定义。

(3) 熟悉数据选择器的逻辑功能及应用。

五、实验内容

(1) 利用数字逻辑实验箱测试 74LS151 八选一数据选择器的逻辑功能，按图 2-4-2 接线，将实验结果记录在表 2-4-2 中。

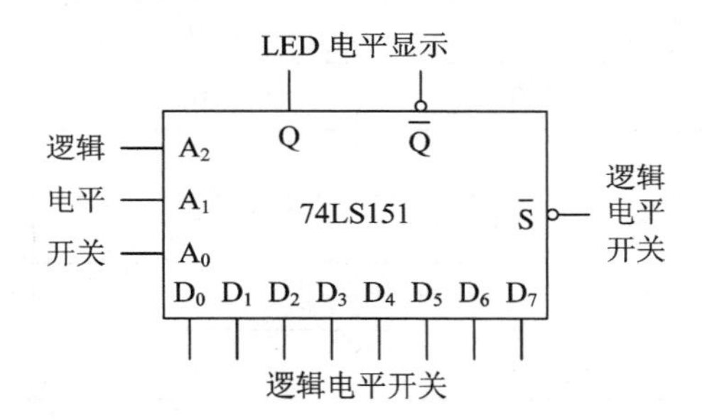

图 2-4-2　74LS151 逻辑功能测试图

表 2-4-2　74LS151 逻辑功能测试表

选通	地址输入			数据输入								输出	
S	A_2	A_1	A_0	D_0	D_1	D_2	D_3	D_4	D_5	D_6	D_7	Q	$\overline{Q}$
1	X	X	X	X	X	X	X	X	X	X	X		
0	0	0	0	D_0	X	X	X	X	X	X	X		
	0	0	1	X	D_1	X	X	X	X	X	X		
	0	1	0	X	X	D_2	X	X	X	X	X		
	0	1	1	X	X	X	D_3	X	X	X	X		
	1	0	0	X	X	X	X	D_4	X	X	X		
	1	0	1	X	X	X	X	X	D_5	X	X		
	1	1	0	X	X	X	X	X	X	D_6	X		
	1	1	1	X	X	X	X	X	X	X	D_7		

(2) 交通灯红灯用 R、黄灯用 Y、绿灯用 G 表示，灯亮为"1"，灯灭为"0"。只有当其中一只灯亮时为正常 $Z=0$，其余状态均为故障 $Z=1$。该交通灯故障报警电路如图 2-4-3 所示，接线并测试电路的逻辑功能，将结果记录在表 2-4-3 中，分析得出逻辑表达式。

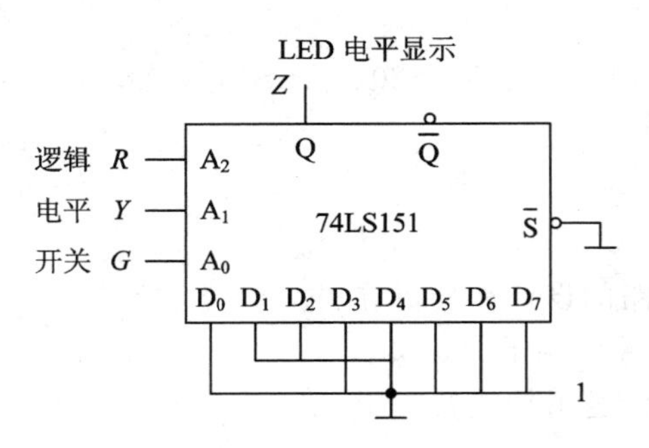

图 2-4-3 交通灯故障报警电路

表 2-4-3 交通灯故障报警电路测试表

R	Y	G	Z
0	0	0	
0	0	1	
0	1	0	
0	1	1	
1	0	0	
1	0	1	
1	1	0	
1	1	1	

(3) 有一密码电子锁，锁上有四个锁孔 A、B、C、D，按下为"1"，否则为"0"，当按下 A 和 B 或 A 和 D 或 B 和 D 时，再插入钥匙，锁即打开。若按错了锁孔，当插入钥匙时，锁打不开，并发出报警信号，有警为"1"，无警为"0"。设计出电路如图 2-4-4 所示，按图接线并测试电路的逻辑功能，列出表述其功能的真值表，记录实验数据到表 2-4-4 中，分析得出逻辑表达式。

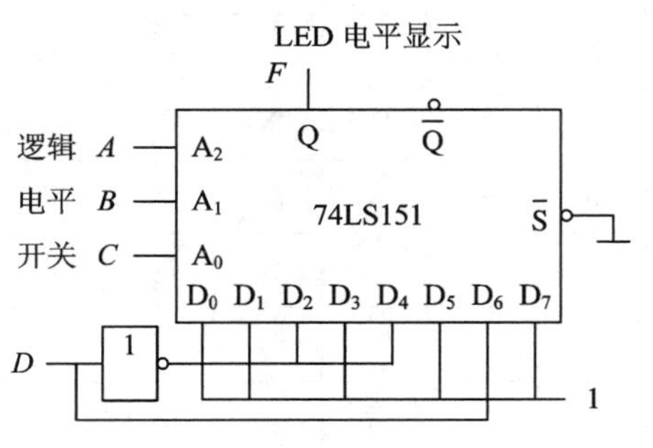

图 2-4-4 密码电子锁电路

表 2-4-4　密码电子锁电路测试表

A	B	C	D	F
0	0	0	0	
0	0	0	1	
0	0	1	0	
0	0	1	1	
0	1	0	0	
0	1	0	1	
0	1	1	0	
0	1	1	1	
1	0	0	0	
1	0	0	1	
1	0	1	0	
1	0	1	1	
1	1	0	0	
1	1	0	1	
1	1	1	0	
1	1	1	1	

六、实验报告要求

(1) 记录整理实验结果，填写相应的表格。

(2) 分析电路的逻辑功能，写出最小项逻辑表达式。

(3) 回答思考题。

七、思考题

(1) 数据选择器能同时输出多个数据吗?

(2) 数据选择器还有哪些应用?

实验五　触　发　器

一、实验目的

（1）学会测试触发器逻辑功能的方法。

（2）进一步熟悉 RS 触发器、集成 JK 触发器和 D 触发器的逻辑功能及触发方式。

（3）进一步熟悉数字逻辑实验箱中单脉冲和连续脉冲发生器的使用方法。

二、实验原理

1. 触发器

触发器（Flip-Flop，FF），学名双稳态多谐振荡器（Bistable Multivibrator），是一种应用在数字电路上具有记忆功能的循序逻辑组件，可记录二进位制数字信号“1”和“0”。触发器是构成时序逻辑电路以及各种复杂数字系统的基本逻辑单元。触发器的线路图由逻辑门组合而成，其结构均由 SR 锁存器派生而来（广义的触发器包括锁存器）。触发器可以处理输入、输出信号和时钟频率之间的相互影响。

2. 触发器的三个基本特性

（1）有两个稳态，可分别表示二进制数码“0”和“1”，无外触发时可维持稳态。

（2）外触发下，两个稳态可相互转换（称翻转），已转换的稳定状态可长期保持下来，这就使得触发器能够记忆二进制信息，常用作二进制存储单元。

（3）有两个互补输出端，分别用 Q 和 $\overline{Q}$ 表示。

3. 触发器的两个稳定状态

通常用 Q 端的输出状态来表示触发器的状态。

1 态：$Q=1$，$\overline{Q}=0$，记 $Q=1$，与二进制数码的“1”对应。

0 态：$Q=0$，$\overline{Q}=1$，记 $Q=0$，与二进制数码的“0”对应。

4. 触发器的分类

根据逻辑功能的不同，有 RS 触发器、D 触发器、JK 触发器、T 触发器和 T′触发器等。

根据触发方式的不同，有电平触发器、边沿触发器和主从触发器等。

根据电路结构的不同，有基本 RS 触发器、同步触发器、维持阻塞触发器、主从触发器和边沿触发器等。

5. 同步触发器

基本 RS 触发器的触发方式有：R_D、S_D 或 $\overline{R}_D$、$\overline{S}_D$ 端的输入信号直接控制（电平直接触发）。

同步触发器（时钟触发器或钟控触发器）是指具有时钟脉冲 CP 控制的触发器。

CP 是指控制时序电路工作节奏的固定频率的脉冲信号，一般是矩形波。

同步是指触发器状态的改变与时钟脉冲同步。

同步触发器的翻转时刻由 CP 控制。

触发器翻转到何种状态由输入信号决定。

6. 边沿触发器

同步触发方式存在空翻，为了克服空翻现象，因此采用边沿触发器。边沿触发器只在时钟脉冲 CP 上升沿或下降沿时刻接收输入信号，电路状态才发生翻转，从而提高了触发器工作的可靠性和抗干扰能力，它没有空翻现象。

边沿触发器主要有维持阻塞 D 触发器、边沿 JK 触发器、CMOS 边沿触发器等。

7. 主从触发器

(1) 主从触发器与边沿触发器同样可以克服空翻。

(2) 结构：主从结构。内部有相对称的主触发器和从触发器。

(3) 触发方式：主从式。主、从两个触发器分别工作在 CP 两个不同的时区内。

主从触发器在总体效果上与边沿触发方式相同。状态更新的时刻只发生在 CP 信号的上升沿或下降沿。

(4) 优点：在 CP 的每个周期内触发器的状态只可能变化一次，能提高触发器的工作可靠性。

主从触发器是在同步 RS 触发器的基础上发展而来的。

各种逻辑功能的触发器都有主从触发方式，即主从 RS 触发器、主从 JK 触发器、主从 D 触发器、主从 T 触发器、主从 T′触发器。

三、实验设备与器件

(1) 数字逻辑实验箱 DSB-3，1 台。

(2) 万用表，1 只。

(3) 双踪示波器，1 台。

(4) 元器件 74LS00、74LS74、74LS20、74LS76，各 1 块。

(5) 导线若干。

四、预习要求

(1) 复习触发器的种类、逻辑功能和触发方式。

(2) 熟悉数字逻辑实验箱中单脉冲和连续脉冲发生器的使用方法。

五、实验内容

1. 基本 RS 触发器逻辑功能的测试

利用数字逻辑实验箱测试由与非门组成的基本 RS 触发器的逻辑功能，按图 2-5-1 接线，$\overline{R}$、$\overline{S}$ 接电平开关，Q、$\overline{Q}$ 接电平显示，将结果记录在表 2-5-1 中。

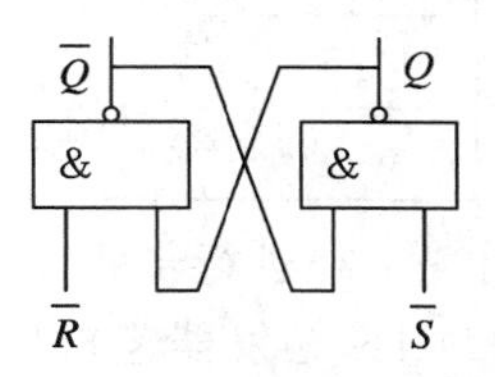

图 2-5-1　基本 RS 触发器

表 2-5-1

步骤	$\overline{R}$	$\overline{S}$	Q	$\overline{Q}$	功能
1	0	0			
2	0	1			
3	1	1			
4	1	0			
5	1	1			

2. 集成 JK 触发器 74LS76 逻辑功能测试

集成 JK 触发器 74LS76 逻辑图如图 2-5-2 所示。

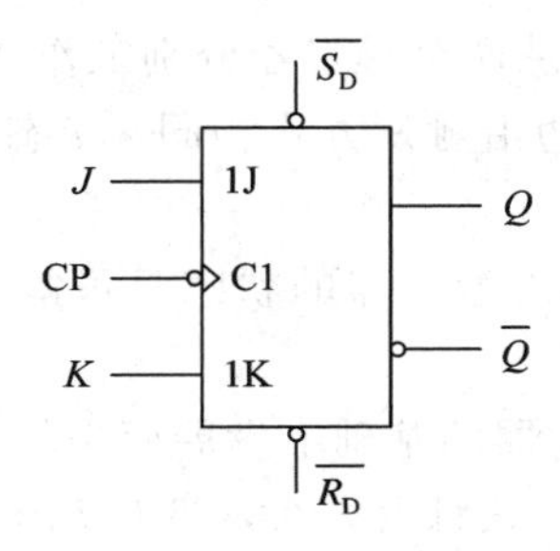

图 2-5-2 集成 JK 触发器 74LS76 逻辑图

(1) 直接置 0 和置 1 端的功能测试。

按表 2-5-2 的要求，改变$\overline{R_D}$和$\overline{S_D}$(J、K 和 CP 处于任意状态)的值进行测试；在$\overline{R_D}$=0 或$\overline{S_D}$=0 期间任意改变 J、K 和 CP 的状态，观察对结果有无影响？观察和记录 Q 与 $\overline{Q}$ 的状态。

表 2-5-2

<table>
<tr><th>步骤</th><th>CP</th><th>J</th><th>K</th><th>$\overline{S_D}$</th><th>$\overline{R_D}$</th><th colspan="2">Q</th><th colspan="2">$\overline{Q}$</th></tr>
<tr><td>0</td><td colspan="3" rowspan="7">X</td><td>1</td><td>1</td><td>0</td><td>1</td><td>1</td><td>0</td></tr>
<tr><td>1</td><td>1</td><td>1→0</td><td></td><td></td><td></td><td></td></tr>
<tr><td>2</td><td>1</td><td>0→1</td><td></td><td></td><td></td><td></td></tr>
<tr><td>3</td><td>1→0</td><td>1</td><td></td><td></td><td></td><td></td></tr>
<tr><td>4</td><td>0→1</td><td>1</td><td></td><td></td><td></td><td></td></tr>
<tr><td>5</td><td colspan="2">1→0</td><td></td><td></td><td></td><td></td></tr>
<tr><td>6</td><td colspan="2">0→1</td><td></td><td></td><td></td><td></td></tr>
</table>

注意：在进行步骤 5 和 6 时，要将$\overline{R_D}$和$\overline{S_D}$接同一个逻辑电平开关。

(2) JK 触发器逻辑功能的测试。

按表 2-5-3 测试并记录 JK 触发器的逻辑功能(表中 CP 信号由实验箱操作板上的单次脉冲发生器提供，手按下产生 0→1，手松开产生 1→0)。

表 2-5-3

步骤	$\overline{R_D}$	$\overline{S_D}$	J	K	CP	Q^{n+1}	
						$Q^n=0$	$Q^n=1$
1	1		0	0	0→1		
2					1→0		
3			0	1	0→1		
4					1→0		
5			1	0	0→1		
6					1→0		
7			1	1	0→1		
8					1→0		

(3) JK 触发器计数功能的测试。

使触发器处于计数状态($J=K=1$)，$\overline{R_D}=\overline{S_D}=1$，CP 信号由实验箱操作板中的连续脉冲(矩形波)发生器提供，可分别用低频($f=1\sim10$ Hz)和高频($f=20\sim150$ kHz)两档进行输入，同时用实验箱上的 LED 电平显示器和双踪示波器观察工作情况，记入表 2-5-4 中。高频输入时，记录 CP 与 Q 的工作波形。回答：Q 状态更新发生在 CP 的哪个边沿？Q 和 CP 信号的周期有何关系？若 $\bar{R}_D=0$ 会怎样？

表 2-5-4

	LED 显示器工作情况	示波器工作情况
低频		
高频		

3. 集成 D 触发器 74LS74 逻辑功能测试

集成 D 触发器 74LS74 逻辑图如图 2-5-3 所示。

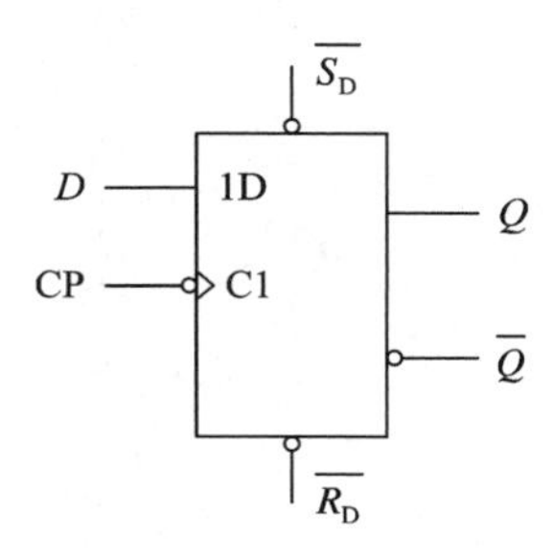

图 2-5-3　集成 D 触发器 74LS74 逻辑图

(1) D 触发器逻辑功能的测试。

按表 2-5-5 测试并记录 D 触发器的逻辑功能(表中 CP 信号由实验箱操作板上的单次脉冲发生器提供)。

表 2-5-5

<table>
<tr><td>步骤</td><td rowspan="2">$\overline{R_D}$</td><td rowspan="2">$\overline{S_D}$</td><td rowspan="2">D</td><td rowspan="2">CP</td><td colspan="2">Q^{n+1}</td></tr>
<tr><td></td><td>$Q^n=0$</td><td>$Q^n=1$</td></tr>
<tr><td>1</td><td colspan="2" rowspan="4">1</td><td rowspan="2">0</td><td>0→1</td><td></td><td></td></tr>
<tr><td>2</td><td>1→0</td><td></td><td></td></tr>
<tr><td>3</td><td rowspan="2">1</td><td>0→1</td><td></td><td></td></tr>
<tr><td>4</td><td>1→0</td><td></td><td></td></tr>
</table>

(2) D 触发器计数功能的测试。

使触发器处于计数状态，$\overline{R_D}=\overline{S_D}=1$，CP 端由实验箱操作板中的连续脉冲(矩形波)发生器提供，可分别用低频($f=1\sim10$ Hz)和高频($f=20\sim150$ kHz)两档进行输入，分别用实验箱上的 LED 电平显示器和 SR8 双踪示波器观察工作情况，记录 CP 与 Q 的工作波形。回答：Q 状态更新发生在 CP 的哪个边沿？Q 和 CP 信号的周期有何关系？若 $\overline{S_D}=0$ 会怎样？

六、实验报告要求

(1) 画出实验测试电路，整理实验测试结果，列表说明，画出工作波形图。

(2) 比较各种触发器的逻辑功能及触发方式。

(3) 回答思考题。

七、思考题

(1) 一个带直接置 0/1 端的 JK 触发器置为 0 或 1 有哪几种方法？

(2) 一个带直接置 0/1 端的 D 触发器置为 0 或 1 有哪几种方法？

实验六　计　数　器

一、实验目的

(1) 学习计数器逻辑功能的测试方法。

(2) 熟悉计数器(异步三位二进制加/减法及十进制加法)的工作原理。

二、实验原理

1. 计数器

计数是一种最简单、最基本的运算，计数器就是实现这种运算的逻辑电路。计数器是典型的时序逻辑电路，也是应用最广泛的逻辑部件之一。计数器在数字系统中主要是对脉冲的个数进行计数，以实现测量、计数和控制的功能。计数器不仅能用于对时钟脉冲计数，还可以用于分频、定时、产生节拍脉冲和脉冲序列以及进行数字运算等。计数器由基本的计数单元和一些控制门所组成，计数单元则由一系列具有存储信息功能的各类触发器构成，这些触发器有 RS 触发器、T 触发器、D 触发器及 JK 触发器等。计数器在数字系统中应用广泛，如在电子计算机的控制器中对指令地址进行计数，以便顺序取出下一条指令，在运算器中作乘法、除法运算时记下加法、减法次数，又如在数字仪器中对脉冲的计数等。

2. 计数器的种类

(1) 按进位制不同，可分为二进制计数器和十进制计数器等。

(2) 按计数器中的触发器是否同时翻转，可分为同步计数器和异步计数器两种。

(3) 按计数过程中数字增减分类，又可将计数器分为加法计数器、减法计数器和可逆计数器。随时钟信号不断增加的为加法计数器，不断减少的为减法计数器，可增可减的叫做可逆计数器。

3. 计数器的工作原理

计数器是利用触发器状态的翻转和记忆功能来实现脉冲计数功能的。

三、实验设备与器件

(1) 数字逻辑实验箱 DSB-3，1 台。

(2) 万用表，1 只。

(3) 双踪示波器，1 台。

(4) 元器件 74LS00、74LS76，各 1 块。

(5) 导线若干。

四、预习要求

(1) 熟悉时序逻辑电路的分析和设计方法。

(2) 复习计数器的种类和工作原理。

五、实验内容

1. 异步二进制加法计数器

(1) 按图 2-6-1 所示电路接线，组成一个三位异步二进制加法计数器，CP 信号可利用数字逻辑实验箱上的单次脉冲发生器或低频连续脉冲发生器产生，清零信号$\overline{R_D}$由逻辑电平开关控制，计数器的输出信号接 LED 电平显示器，按表 2-6-1 的要求进行测试并记录。

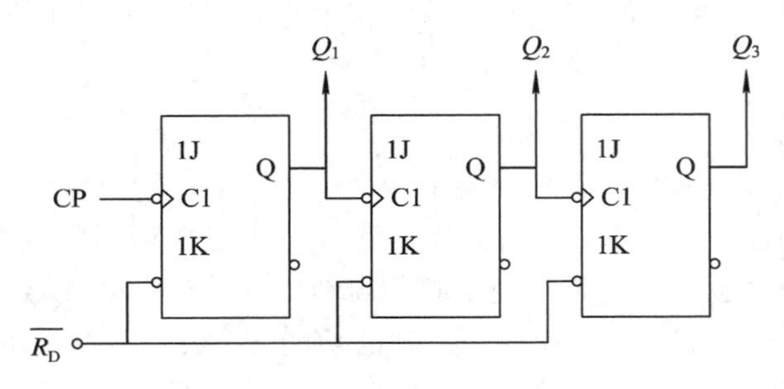

图 2-6-1　三位异步二进制加法计数器逻辑电路图

表 2-6-1　三位异步二进制加法计数器测试表

$\overline{R_D}$	CP	Q_3	Q_2	Q_1	代表十进制数
0	X				
1	0				
	1				
	2				
	3				
	4				
	5				
	6				
	7				
	8				

(2) 在 CP 端加高频连续脉冲，用示波器观察各触发器输出端的波形，并按时间对应关系画出 CP、Q_1、Q_2、Q_3 端的波形。

2. 异步二进制减法计数器

用 JK 触发器构成的三位异步二进制减法计数器的逻辑电路如图 2-6-2 所示。按图接线，然后按上个实验内容 1 所述内容进行测试并记录到表 2-6-2 中。

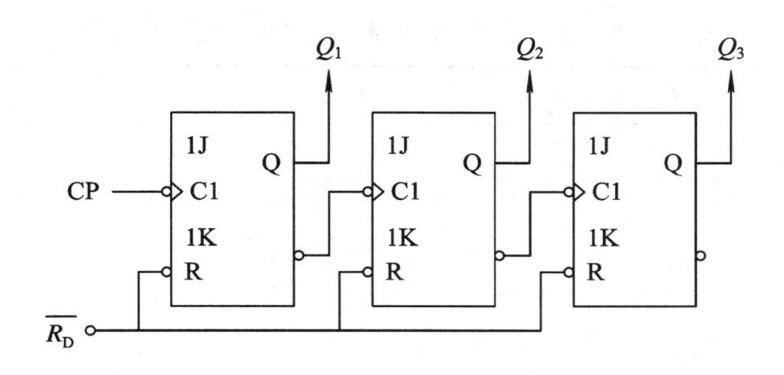

图 2-6-2　三位异步二进制减法计数器逻辑电路图

表 2-6-2　三位异步二进制减法计数器测试表

$\overline{R_D}$	CP	Q_3	Q_2	Q_1	代表十进制数
0	X				
1	0				
	1				
	2				
	3				
	4				
	5				
	6				
	7				
	8				

3. 异步十进制加法计数器

(1) 按图 2-6-3 所示电路接线，组成一个异步十进制加法计数器，CP 信号可利用数字逻辑实验箱上的单次脉冲或低频连续脉冲发生器产生，清零信号$\overline{R_D}$由逻辑电平开关控制，各触发器的输出端及进位输出端分别接到 LED 电平显示器，按表 2-6-3 进行测试并记录。

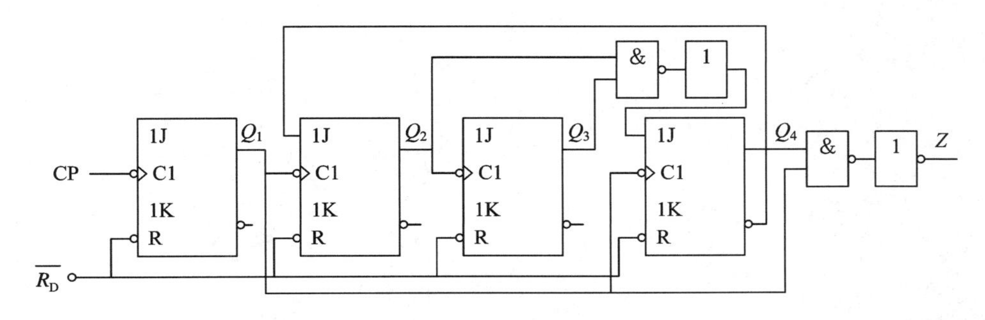

图 2-6-3　异步十进制加法计数器逻辑电路图

表 2-6-3 异步十进制加法计数器测试表

$\overline{R_D}$	CP	Q_4	Q_3	Q_2	Q_1	Z	代表十进制数
0	X						
1	0						
	1						
	2						
	3						
	4						
	5						
	6						
	7						
	8						
	9						
	10						

(2) 在 CP 端加高频连续脉冲，用示波器观察各触发器输出端的波形，并按时间对应关系画出 CP、Q_1、Q_2、Q_3、Q_4、Z 端的波形。

六、实验报告要求

(1) 画出实验测试电路，整理实验测试结果，列表说明，画出工作波形图。

(2) 比较各种计数器的逻辑功能。

(3) 回答思考题。

七、思考题

(1) 二进制加/减法计数器的异同点是什么？

(2) 同步/异步计数器的异同点是什么？

实验七　中规模集成电路计数器的应用

一、实验目的

(1) 熟悉中规模集成电路计数器的功能及应用。

(2) 进一步熟悉数字逻辑实验箱中的译码显示功能。

二、实验原理

集成二进制计数器 74LS161 简介：

74LS161 是 4 位二进制同步加法计数器，除了有二进制加法计数功能外，还具有异步清零、同步并行置数、保持等功能。74LS161 的逻辑电路图如图 2-7-1 所示，其中，$\overline{RD}$是

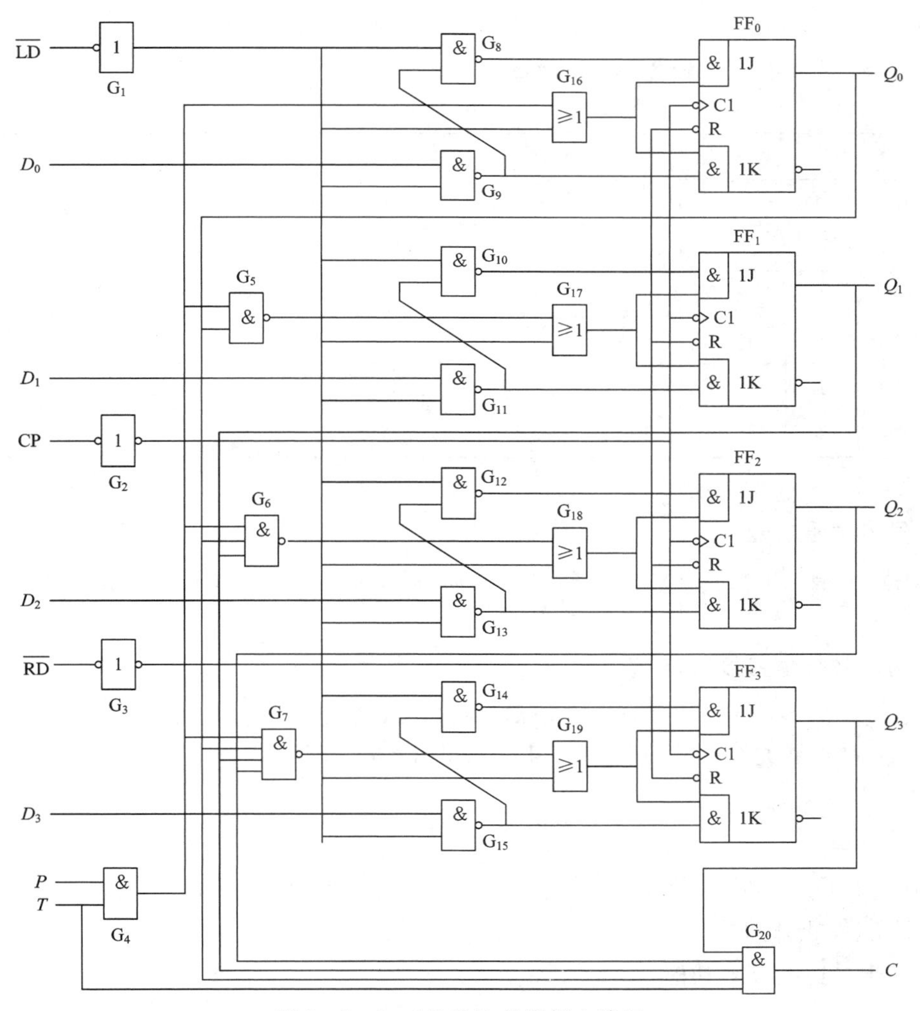

图 2-7-1　74LSl61 的逻辑电路图

异步清零端，$\overline{LD}$是预置数控制端，D_0、D_1、D_2、D_3 是预置数据输入端，P 和 T 是计数使能端，C 是进位输出端，它的设置为多片集成计数器的级联提供了方便。

74LS161 的引脚排列图和逻辑图如图 2－7－2 所示。

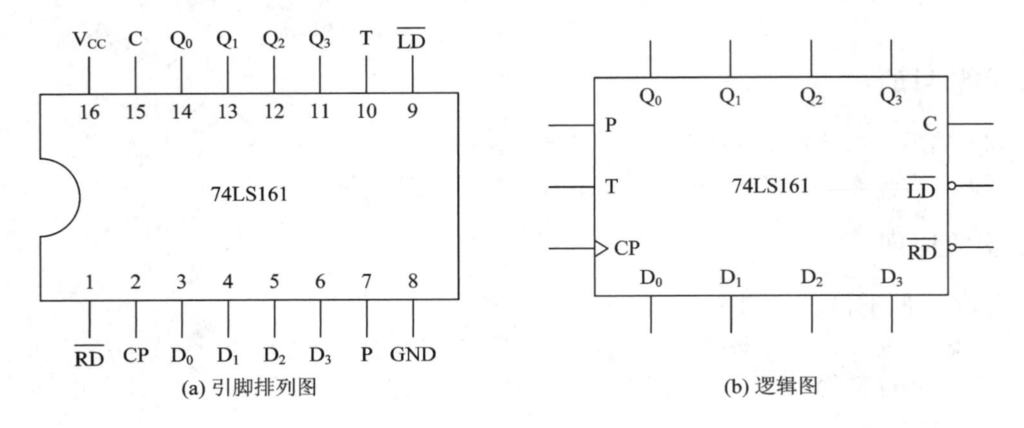

图 2－7－2 74LS161 的引脚排列图和逻辑图

74LS161 的功能表如表 2－7－1 所示。

表 2－7－1 74LS161 的功能表

输入									输出			
CP	$\overline{RD}$	$\overline{LD}$	P	T	D_3	D_2	D_1	D_0	Q_3	Q_2	Q_1	Q_0
×	0	×	×	×	×	×	×	×	0	0	0	0
↑	1	0	×	×	d	c	b	a	d	c	h	a
×	1	1	0	×	×	×	×	×	保持			
×	1	1	×	0	×	×	×	×	保持(C=0)			
↑	1	1	1	1	×	×	×	×	计数			

由表可知，74LS161 具有以下功能：

1. 异步清零功能

当$\overline{RD}$=0 时，不管其他输入端的状态如何(包括时钟信号 CP)，4 个触发器的输出全为零。

2. 同步并行预置数功能

在$\overline{RD}$=1 的条件下，当$\overline{LD}$=0 且有时钟脉冲 CP 的上升沿作用时，D_3、D_2、D_1、D_0 输入端的数据将分别被 Q_3～Q_0 所接收。由于置数操作必须有 CP 脉冲上升沿相配合，故称为同步置数。

3. 保持功能

在$\overline{RD}$=$\overline{LD}$=1 的条件下，当 T=P=0 时，不管有无 CP 脉冲作用，计数器都将保持原有状态不变(停止计数)。

4. 同步二进制计数功能

当$\overline{RD}$=$\overline{LD}$=P=T=1 时，74LS161 处于计数状态，电路从 0000 状态开始，连续输入

16 个计数脉冲后，电路将从 1111 状态返回到 0000 状态，状态表如表 2－7－2 所示。

表 2－7－2　二进制同步加法计数器的状态表

输入脉冲数	Q_3^n	Q_2^n	Q_1^n	Q_0^n	Q_3^{n+1}	Q_2^{n+1}	Q_1^{n+1}	Q_0^{n+1}
1	0	0	0	0	0	0	0	1
2	0	0	0	1	0	0	1	0
3	0	0	1	0	0	0	1	1
4	0	0	1	1	0	1	0	0
5	0	1	0	0	0	1	0	1
6	0	1	0	1	0	1	1	0
7	0	1	1	0	0	1	1	1
8	0	1	1	1	1	0	0	0
9	1	0	0	0	1	0	0	1
10	1	0	0	1	1	0	1	0
11	1	0	1	0	1	0	1	1
12	1	0	1	1	1	1	0	0
13	1	1	0	0	1	1	0	1
14	1	1	0	1	1	1	1	0
15	1	1	1	0	1	1	1	1
16	1	1	1	1	0	0	0	0

5．进位输出 *C*

当计数控制端 $T=1$，且触发器全为 1 时，进位输出为 1，否则为零。

三、实验设备与器件

（1）数字逻辑实验箱 DSB－3，1 台。

（2）万用表，1 只。

（3）双踪示波器，1 台。

（4）元器件 74LS00、74LS20、74LS161，各 1 块。

（5）导线若干。

四、预习要求

（1）熟悉中规模集成电路计数器的功能及应用。

（2）复习计数器的种类和工作原理。

五、实验内容

1．用 74LS161 及辅助门电路实现一个十进制计数器

（1）利用异步清零端 $\overline{RD}$ 计数。电路图如图 2－7－3(a)所示，数据记录表为表 2－7－3。

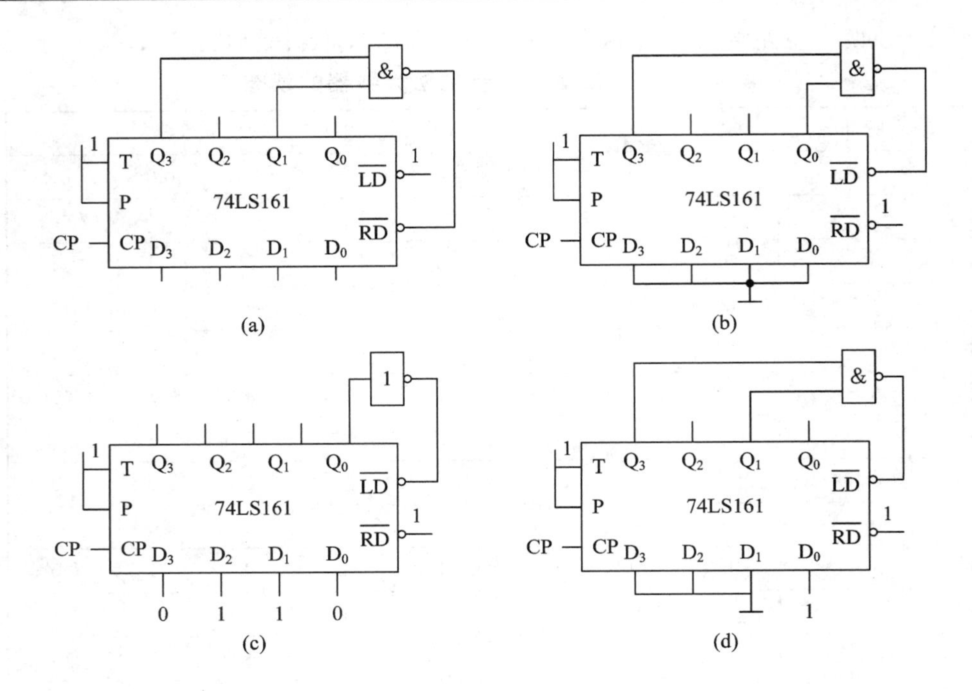

图 2-7-3 十进制计数器实验电路

表 2-7-3 十进制计数器测试表 1

CP	Q_3	Q_2	Q_1	Q_0	代表十进制数
0					
1					
2					
3					
4					
5					
6					
7					
8					
9					
10					

(2) 利用同步置数端$\overline{LD}$计数，从 0000 开始计数。电路图如图 2-7-3(b)所示，数据记录表为表 2-7-4。

表 2-7-4　十进制计数器测试表 2

CP	Q_3	Q_2	Q_1	Q_0	代表十进制数
0					
1					
2					
3					
4					
5					
6					
7					
8					
9					
10					

（3）利用同步置数端$\overline{LD}$计数，到 1111 结束。电路图如图 2-7-3(c)所示，数据记录表为表 2-7-5。

表 2-7-5　十进制计数器测试表 3

CP	Q_3	Q_2	Q_1	Q_0	代表十进制数
0					
1					
2					
3					
4					
5					
6					
7					
8					
9					
10					

（4）利用同步置数端$\overline{LD}$计数，从某状态 $D_3D_2D_1D_0$ 开始，到另一状态 $D_3'D_2'D_1'D_0'$ 结束。

例如从 0001 开始，到 1010 结束。电路图如图 2-7-3(d)所示，数据记录表为表 2-7-6。

表 2-7-6　十进制计数器测试表 4

CP	Q_3	Q_2	Q_1	Q_0	代表十进制数
0					
1					
2					
3					
4					
5					
6					
7					
8					
9					
10					

计数器的 CP 端接低频连续脉冲，输出状态接 LED 电平显示器，逻辑电平开关作为并行输入数据，观察计数器的功能。列出表述其功能的计数状态顺序表，记录实验数据。

2. 观察波形

利用实验箱上的高频连续脉冲作 CP，用示波器观察 Q_D、Q_C、Q_B、Q_A 的波形，并按时间对应关系记录下来。

六、实验报告要求

(1) 整理实验测试结果，列表说明，画出工作波形图。

(2) 回答思考题。

七、思考题

(1) 集成二进制计数器 74LS161 还有哪些应用？

(2) 若要求计数器具有暂停计数功能，应该怎么做？

实验八　数/模转换器

一、实验目的

(1) 熟悉数/模转换器的工作原理。

(2) 学会使用集成数/模转换器 DAC0832。

(3) 学会用 DAC0832 构成阶梯波电压产生器。

二、实验原理及参考电路

数/模转换器(简称 D/A 转换器、DAC)用来将数字量转换成模拟量。其输入为 n 位二进制数，输出为模拟电压(或电流)。

D/A 转换器的原理：把输入数字量中每位都按其权值分别转换成模拟量，并通过运算放大器求和相加。

D/A 转换电路形式较多，在集成电路中多是采用倒置的 $R-2R$ 梯形网络。图 2-8-1 所示为一个 4 位二进制数 D/A 转换器的原理电路。它包括由数码控制的双掷开关和由电阻构成的分流网络两部分。输入二进制的每一位对应一个 $2R$ 的电阻和一个由该位数码控制的开关。为了建立输出电流，在电阻分流网络的输入端接入参考电压 V_{REF}。当某位输入码为 0 时，相应的被控开关接通右边触点，电流 I_i(i=0，1，2，3)经开关到地；输入数码为 1 时，开关接通左边触点，电流 I_i流入外接运算放大器。

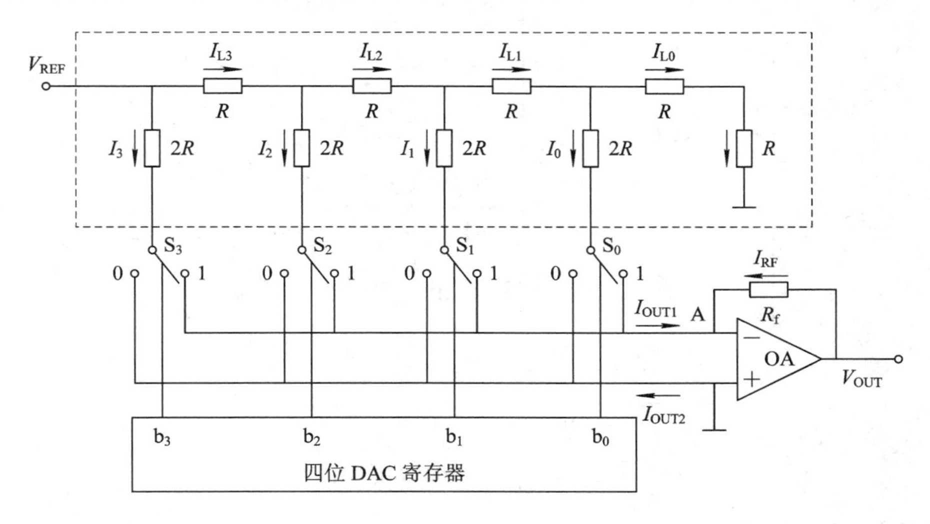

图 2-8-1　4 位二进制数 D/A 转换器的原理电路

DAC0832 简介：

DAC0832 是 8 分辨率的 D/A 转换集成芯片，采用 CMOS 工艺和 $R-2R$T 形电阻解码网络，与微处理器完全兼容。这个 DA 芯片以其价格低廉、接口简单、转换控制容易等优点，在单片机应用系统中得到广泛的应用。D/A 转换器由 8 位输入锁存器、8 位 DAC 寄存器、8 位 D/A 转换电路及转换控制电路构成。

DAC0832 内部结构及引脚排列如图 2－8－2 所示。

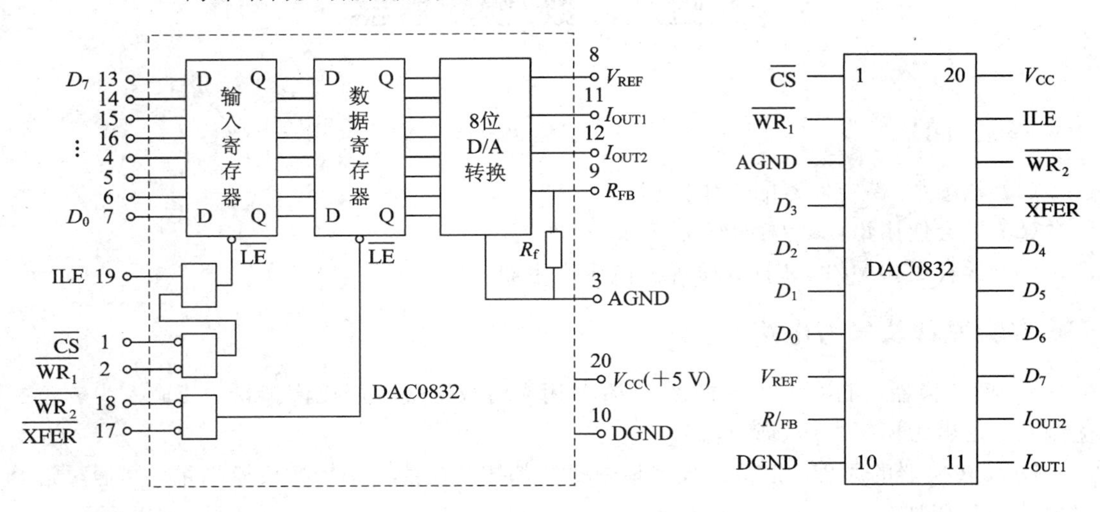

图 2－8－2 DAC0832 内部结构及引脚排列

DAC0832 实验电路如图 2－8－3 所示。

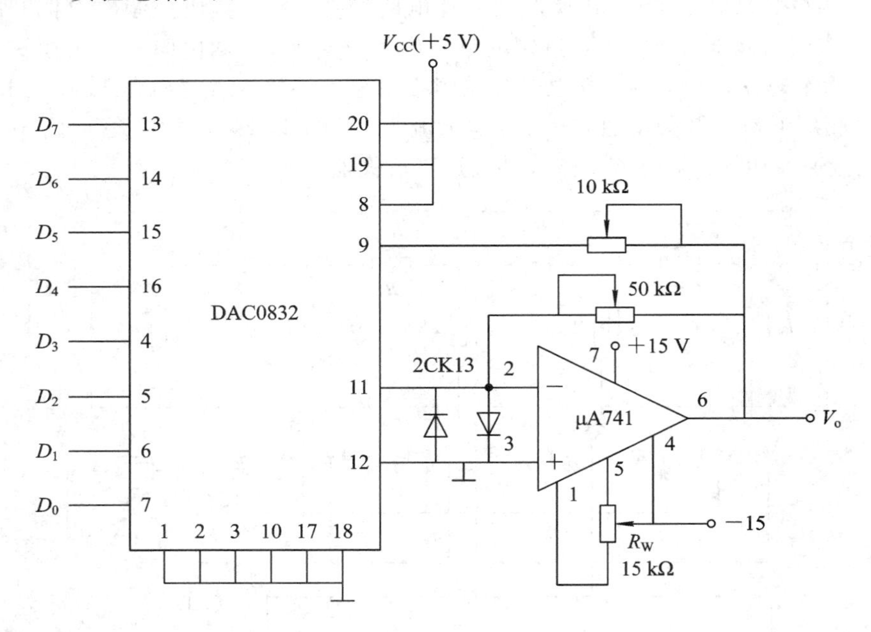

图 2－8－3 DAC0832 实验电路

三、实验设备与器件

（1）数字逻辑实验箱 DSB－3，1 台。

（2）万用表，1 只。

（3）双踪示波器，1 台。

（4）元器件 DAC0832、74LS161、μA741，各 1 块；2CK13，2 只；电位器，3 只。

（5）导线若干。

四、预习要求

（1）熟悉数/模转换器的工作原理。
（2）熟悉 DAC0832 的内部结构及引脚。

五、实验内容

（1）测试 DAC0832 的功能，按图 2-8-3 所示 DAC0832 实验电路图连接电路，在输入端加入 8 位数字量，测量输出电压，填入表 2-8-1 中。

表 2-8-1　DAC0832 功能测试表

输　入								输出 V_o	
D_7	D_6	D_5	D_4	D_3	D_2	D_1	D_0	理论值	测量值
1	1	1	1	1	1	1	1		
0	0	0	0	0	0	0	0		
0	0	0	0	0	0	0	1		
0	0	0	0	0	0	1	0		
0	0	0	0	0	1	0	0		
0	0	0	0	1	0	0	0		
0	0	0	1	0	0	0	0		
0	0	1	0	0	0	0	0		
0	1	0	0	0	0	0	0		
1	0	0	0	0	0	0	0		

（2）用 DAC0832 设计一个阶梯波电压产生器并测试功能。

六、实验报告要求

（1）画出实验测试电路，整理实验测试结果，填写表格，分析实验结果。
（2）画出设计图和测试波形。
（3）回答思考题。

七、思考题

（1）数/模转换器的主要用途有哪些？
（2）常见的 D/A 转换器的电路结构有哪些类型？它们各有什么特点？

实验九　模/数转换器

一、实验目的

(1) 深入理解 A/D 转换的工作原理。

(2) 熟悉 ADC0809 的主要技术指标和功能以及使用方法。

(3) 学习测试模数转换器的方法。

二、实验原理

模拟信号只有通过 A/D 转化为数字信号后才能用软件进行处理，这一切都是通过模数转换器来实现的。将模拟信号转换成数字信号的电路，称为模数转换器(Analog to Digital Converter，简称 ADC 或 A/D 转换器)，A/D 转换的作用是将时间连续、幅值也连续的模拟量转换为时间离散、幅值也离散的数字信号，因此，A/D 转换一般要经过取样、保持、量化及编码 4 个过程。在实际电路中，这些过程有的是合并进行的，例如，取样和保持，量化和编码往往都是在转换过程中同时实现的。A/D 转换过程框图如图 2-9-1 所示。

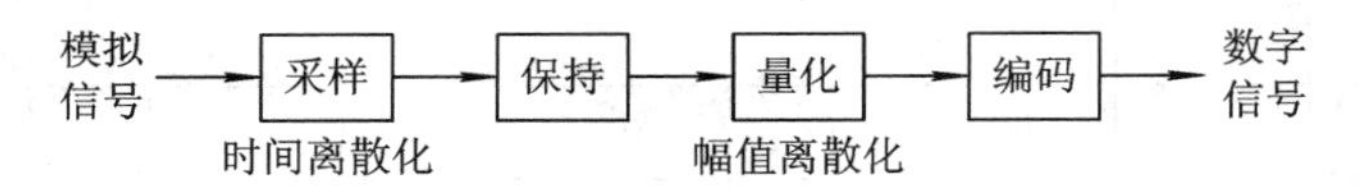

图 2-9-1　A/D 转换过程框图

下面主要介绍三种类型 A/D 转换器的工作原理：逐次逼近型、双积分型、电压频率转换型。

1. 逐次逼近型 A/D 转换器

逐次逼近型 A/D 转换器是比较常见的一种 A/D 转换电路，转换的时间为微秒级。

逐次逼近型 A/D 转换器由比较器、D/A 转换器、缓冲寄存器、逐次逼近寄存器及控制逻辑电路组成。逐次逼近型 A/D 转换器的原理框图如图 2-9-2 所示。

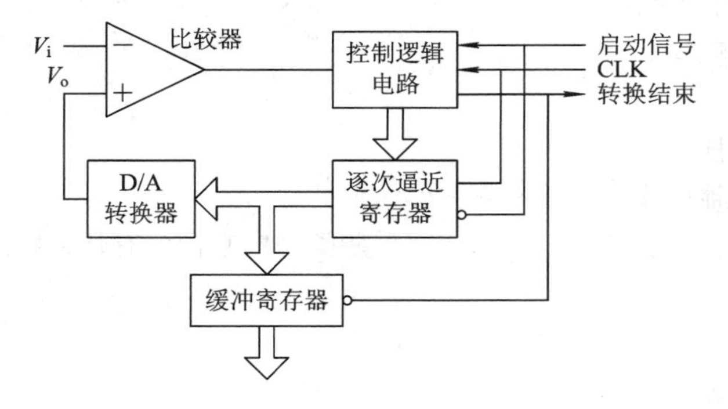

图 2-9-2　逐次逼近型 A/D 转换器的原理框图

逐次逼近型 A/D 转换器的基本原理是从高位到低位逐位试探比较，好像用天平称物体，从重到轻逐级增减砝码进行试探。

逐次逼近 A/D 转换器的转换过程是：初始化时将逐次逼近寄存器各位清零；转换开始时，先将逐次逼近寄存器最高位置 1，送入 D/A 转换器，经 D/A 转换后生成的模拟量送入比较器，称为 V_o，与送入比较器的待转换的模拟量 V_i 进行比较，若 $V_o < V_i$，该位 1 被保留，否则被清除。然后再置逐次逼近寄存器次高位为 1，将寄存器中新的数字量送入 D/A 转换器，输出的 V_o 再与 V_i 比较，若 $V_o < V_i$，该位 1 被保留，否则被清除。重复此过程，直至逼近寄存器最低位。转换结束后，将逐次逼近寄存器中的数字量送入缓冲寄存器，得到数字量的输出。逐次逼近的操作过程是在一个控制电路的控制下进行的。

2. 双积分型 A/D 转换器

双积分型 A/D 转换器由电子开关、积分器、比较器和控制逻辑等部件组成。双积分型 A/D 转换的原理框图如图 2－9－3 所示。

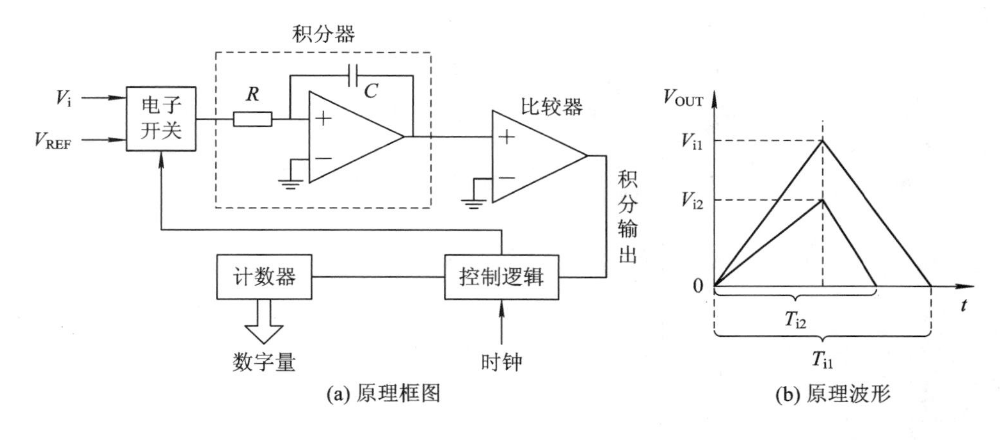

(a) 原理框图　(b) 原理波形

图 2－9－3　双积分型 A/D 转换的原理框图

双积分型 A/D 转换的基本原理是将输入电压变换成与其平均值成正比的时间间隔，再把此时间间隔转换成数字量，属于间接转换。

双积分法 A/D 转换的过程是：先将开关接通待转换的模拟量 V_i，V_i 采样输入到积分器，积分器从零开始进行固定时间 T 的正向积分，时间 T 到后，开关再接通与 V_i 极性相反的基准电压 V_{REF}，将 V_{REF} 输入到积分器，进行反向积分，直到输出为 0V 时停止积分。V_i 越大，积分器输出电压越大，反向积分时间也越长。计数器在反向积分时间内所计的数值，就是输入模拟电压 V_i 所对应的数字量，从而实现了 A/D 转换。

3. 电压频率转换型 A/D 转换器

电压频率转换型 A/D 转换器，由计数器、控制门及一个具有恒定时间的时钟门控制信号组成，原理框图如图 2－9－4 所示。

电压频率转换型 A/D 转换器的工作原理是用 V/F 转换电路把输入的模拟电压转换成与模拟电压成正比的脉冲信号。

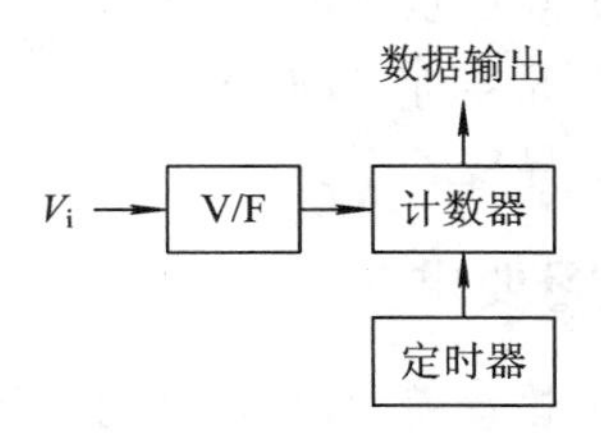

图 2－9－4　电压频率型 A/D 转换原理框图

电压频率转换的工作过程是：将模拟电压 V_i 加到 V/F 的输入端，便产生频率 F 与 V_i 成正比的脉冲，在一定的时间内对该脉冲信号计数，时间到，统计到计数器的计数值正比于输入电压 V_i，从而完成 A/D 转换。

ADC0809 是美国国家半导体公司生产的 CMOS 工艺 8 通道、8 位逐次逼近型 A/D 转换器。其内部由 8 路模拟开关、地址锁存与译码器、比较器、8 位开关树型 A/D 转换器、逐次逼近寄存器、逻辑控制和定时电路组成，它可以根据地址码锁存译码后的信号，只选通 8 路模拟输入信号中的一个进行 A/D 转换。ADC0809 芯片有 28 条引脚，采用双列直插式封装，其引脚排列如图 2-9-5 所示。

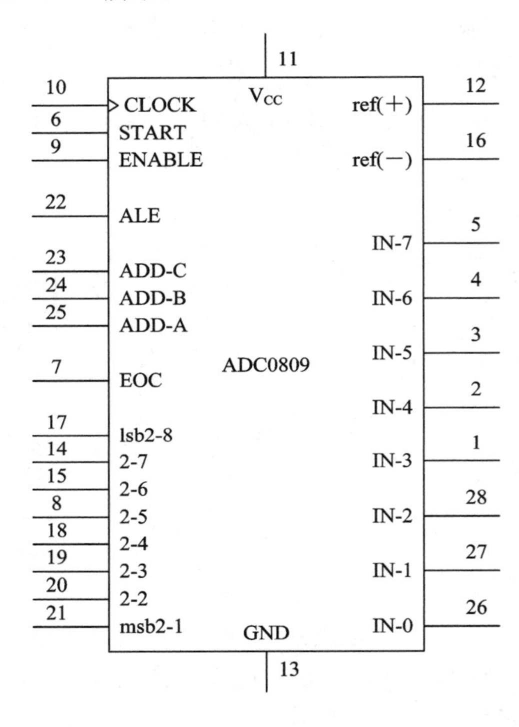

图 2-9-5 ADC0809 的引脚排列图

三、实验设备与器件

(1) 数字逻辑实验箱 DSB-3，1 台。

(2) 万用表，1 只。

(3) 双踪示波器，1 台。

(4) 元器件 ADC0809，1 块；1 kΩ 电阻，10 只。

(5) 导线若干。

四、预习要求

(1) 熟悉模/数转换器的工作原理。

(2) 熟悉 ADC0809 的内部结构及引脚。

五、实验内容

模/数转换实验接线如图 2-9-6 所示，调节电阻 R，使 8 路模拟输入电压为表 2-9-1 中的数值，CLOCK 接频率为 1 kHz 的时钟脉冲，转换结果接 LED 显示，C、B、A 接逻辑开关，测量各路模拟信号转换结果，填入表 2-9-1 中，并分析产生误差的原因。

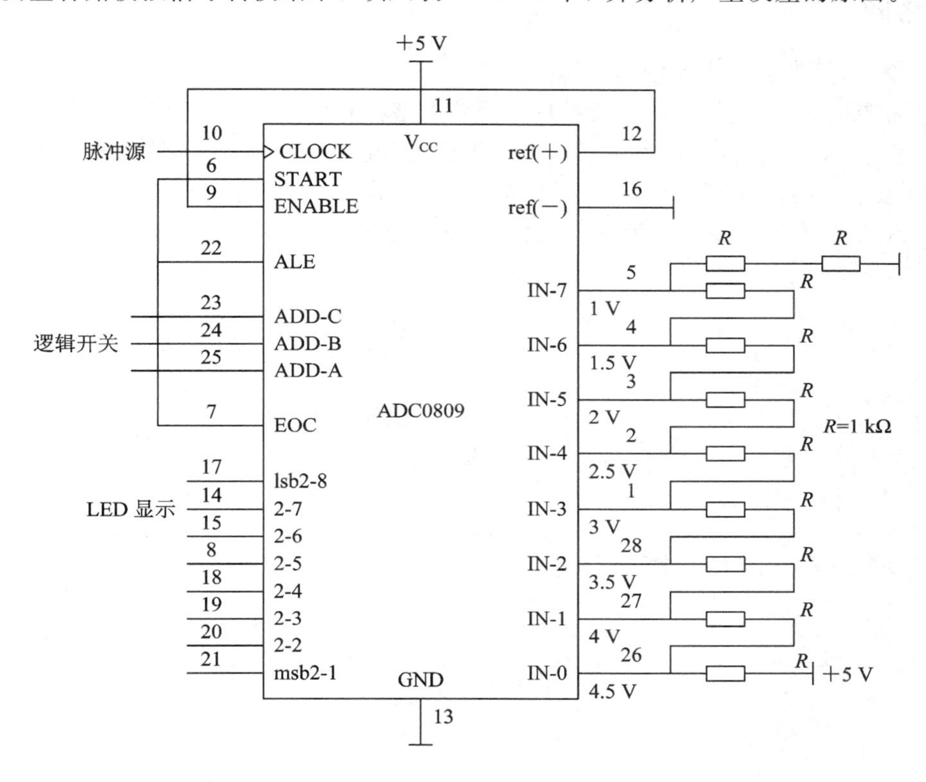

图 2-9-6　模数转换实验电路图

表 2-9-1

地址			通道	模拟量	数字量	
C	B	A	IN	V_i/V	lsb2-8…msb2-1	十进制
0	0	0	IN_0	4.5		
0	0	1	IN_1	4.0		
0	1	0	IN_2	3.5		
0	1	1	IN_3	3.0		
1	0	0	IN_4	2.5		
1	0	1	IN_5	2.0		
1	1	0	IN_6	1.5		
1	1	1	IN_7	1.0		

六、实验报告要求

(1) 画出实验测试电路，整理实验测试结果，填写表格，分析实验结果。

(2) 回答思考题。

七、思考题

(1) 模/数转换器的主要用途有哪些？

(2) 常见的 A/D 转换器的电路结构有哪些类型？它们各有什么特点？

(3) 8 位 A/D 转换器，当输入从 0～5 V 变化时，输出二进制码从 00000000 至 11111111 变化。问使输出从 00000000 变至 00000001 时，输入电压值变化多少？

(4) A/D 转换器转换速率为 6000 次/秒，问转换时间为多少？

实验十　计数、译码、显示综合实验

一、实验目的

(1) 进一步熟悉中规模集成电路计数器的功能及应用。

(2) 熟悉中规模集成电路译码器的功能及应用。

(3) 熟悉 LED 数码管及显示电路的工作原理。

(4) 学会综合测试的方法。

二、实验原理

计数、译码、显示电路是由计数器、译码器和显示器三部分组成的。

1. 计数器

计数器的实验原理与参考电路参见实验六和实验七。

2. 译码器

这里所说的译码器是将二进制数译成十进制数的器件，我们选用的 74LS48 是 BCD 码七段译码器兼驱动器，其外引线排列图和功能表分别如图 2-10-1 和表 2-10-1 所示。

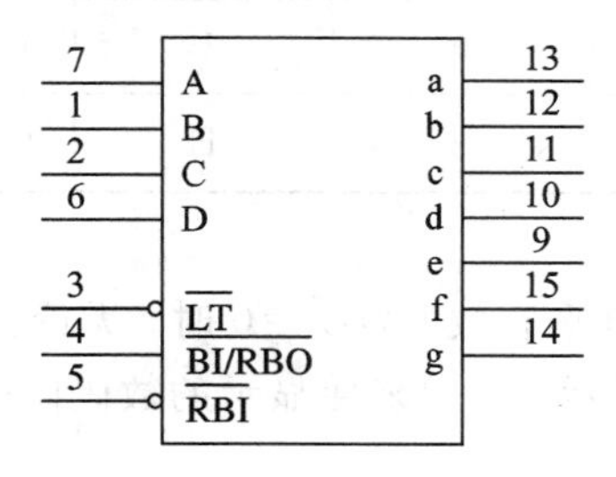

图 2-10-1　74LS48 外引线排列图

表 2-10-1　74LS48 的功能表

十进制数或功能	输入						BI/RBO	输出						
	LT	RBI	D	C	B	A		a	b	c	d	e	f	g
0	H	H	0	0	0	0	H	1	1	1	1	1	1	0
1	H	x	0	0	0	1	H	0	1	1	0	0	0	0
2	H	x	0	0	1	0	H	1	1	0	1	1	0	1
3	H	x	0	0	1	1	H	1	1	1	1	0	0	1
4	H	x	0	1	0	0	H	0	1	1	0	0	1	1

续表

十进制数或功能	输入						BI/RBO	输出						
	LT	RBI	D	C	B	A		a	b	c	d	e	f	g
5	H	x	0	1	0	1	H	1	0	1	1	0	1	1
6	H	x	0	1	1	0	H	0	0	1	1	1	1	1
7	H	x	0	1	1	1	H	1	1	1	0	0	0	0
8	H	x	1	0	0	0	H	1	1	1	1	1	1	1
9	H	x	1	0	0	1	H	1	1	1	0	0	1	1
10	H	x	1	0	1	0	H	0	0	0	1	1	0	1
11	H	x	1	0	1	1	H	0	0	1	1	0	0	1
12	H	x	1	1	0	0	H	0	1	0	0	0	1	1
13	H	x	1	1	0	1	H	1	0	0	1	0	1	1
14	H	x	1	1	1	0	H	0	0	0	1	1	1	1
15	H	x	1	1	1	1	H	0	0	0	0	0	0	0
BI	x	x	x	x	x	x	L	0	0	0	0	0	0	0
RBI	H	L	0	0	0	0	L	0	0	0	0	0	0	0
LT	L	x	x	x	x	x	H	1	1	1	1	1	1	1

74LS48 具有以下特点：

(1) 消隐（灭灯）输入$\overline{BI}$低电平有效。当$\overline{BI}=0$时，无论其余输入状态如何，所有输出为零，数码管七段全暗，无任何显示，可用来使显示的数码闪烁，或与某一信号同时显示。译码时，$\overline{BI}=1$。

(2) 灯测试（试灯）输入$\overline{LT}$低电平有效。当$\overline{LT}=0$（$\overline{BI}/\overline{RBO}=1$）时，无论其余输入为何状态，所有输出为1，数码管七段全亮，显示数字8，可用来检查数码管、译码器有无故障。译码时，$\overline{LT}=1$。

(3) 脉冲消隐（动态灭灯）输入$\overline{RBI}=1$时，对译码无影响。当$\overline{BI}=\overline{LT}=1$时，若$\overline{RBI}=0$输入数码是十进制零时，七段全暗，不显示；输入数码不为零，则照常显示。在实际使用中有些零是可以不显示的，如004.50中百位的零可不显示，此百位为零且不显示的零称为冗余零。脉冲消隐输入$\overline{RBI}=0$，可使冗余零消隐。

(4) 脉冲消隐（动态灭灯）输出$\overline{RBO}$与消隐输入$\overline{BI}$共用一个管脚4，当它作输出端时，与$\overline{RBI}$配合，共同使冗余零消隐。

3. 显示器

显示器采用七段发光二极管显示器，它可直接显示出译码器输出的十进制数。七段发光显示器有共阳接法和共阴接法两种。共阳接法就是把发光二极管的阳极都连在一起接到高电平上，与其配套的译码器为 74LS46 和 74LS47；共阴接法则相反，它是把发光二极管的阴极都连在一起接地，与其配套的译码器为 74LS48 和 74LS49。七段显示器的外引线排列图、共阳接法、共阴接法分别如图 2-10-2 (a)、(b)、(c)所示。

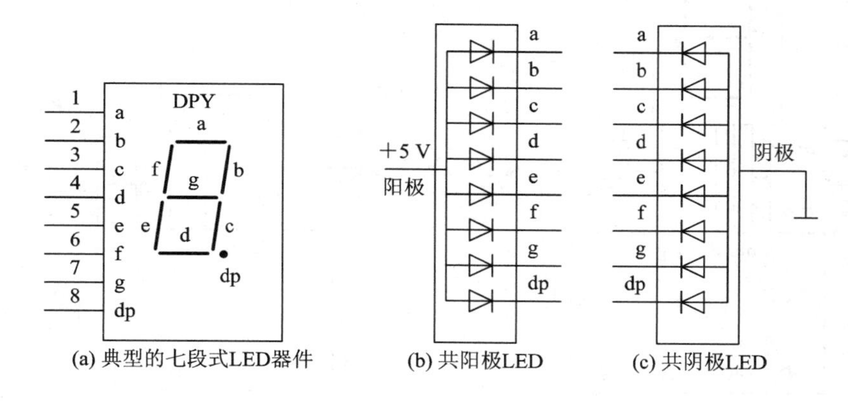

图 2-10-2　七段显示器

如果输入的频率较高，显示器所显示的数字可能出现混乱或很快改变结果，这时，可在计数器的后面加一级锁存器(如八位锁存器 74LS 373)。如果显示器所显示的数字暗淡，可加一级缓冲器(如 74LS07，74LS17)或射随器来提升驱动电流。

三、实验设备与器件

(1) 数字逻辑实验箱 DSB-3，1 台。

(2) 万用表，1 只。

(3) 元器件 74LS90，2 块；74LS49(或 74LS249)，1 块；共阴型 LED 数码管，1 块。

(4) 导线若干。

四、预习要求

(1) 复习计数、译码和显示电路的工作原理。

(2) 预习中规模集成计数器 CC40161 的逻辑功能及使用方法。

(3) 预习 74LS48BCD 译码器和共阴极七段显示器的使用方法。

五、实验内容

用集成计数器 74LS90 分别组成 8421 码十进制和六进制计数器，然后连接成一个六十进制计数器(六进制为高位、十进制为低位)。其中，十进制计数器用实验箱上的 LED 译码显示电路显示(注意高低位顺序及最高位的处理)，六进制计数器由自行设计、安装的译码器、数码管电路显示，这样组成一个六十进制的计数、译码、显示电路。用实验箱上的低频连续脉冲(调节频率为 1～2 Hz)作为计数器的计数脉冲，通过数码管观察计数、译码、显示电路的功能是否正确。

计数、译码、显示综合实验参考电路如图 2-10-3 所示。

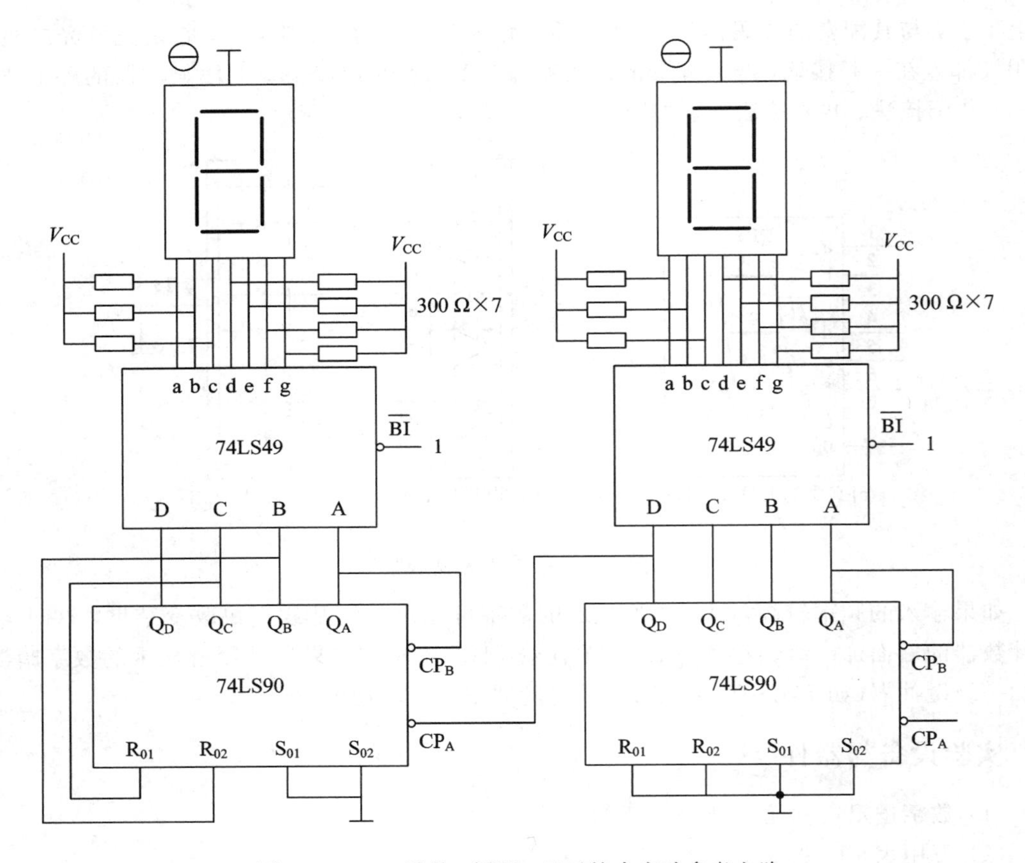

图 2-10-3　计数、译码、显示综合实验参考电路

六、实验报告要求

（1）画出实验测试电路，画出计数器的波形图，分析实验结果。

（2）简要说明数码管自动计数显示的情况：该计数器从 00 递增加 1，直到 59 后，又回到 00 状态。

（3）回答思考题。

七、思考题

（1）怎么设计一个秒、分时钟计数、译码显示电路？

（2）根据实验中的体会，说明综合测试较复杂中小规模数字集成电路的方法。

实验十一　计数、译码、显示电路设计(仿真实验)

一、实验目的

(1) 熟悉计数器、译码器和显示器的使用方法。

(2) 学习简单数字电路的设计和仿真方法。

二、实验原理与参考电路

1. 电子电路设计仿真软件 Multisim 简介

Multisim 是美国国家仪器(NI)有限公司推出的以 Windows 为基础的仿真工具，适用于板级的模拟/数字电路板的设计工作。它包含了电路原理图的图形输入、电路硬件描述语言输入方式，具有丰富的仿真分析能力。

工程师们可以使用 Multisim 交互式地搭建电路原理图，并对电路进行仿真。Multisim 提炼了 SPICE 仿真的复杂内容，这样工程师无需懂得深入的 SPICE 技术就可以很快地进行捕获、仿真和分析新的设计，这也使其更适合电子学教育。通过 Multisim 和虚拟仪器技术，PCB 设计工程师和电子学教育工作者可以完成从理论到原理图捕获与仿真再到原型设计和测试这样一个完整的综合设计流程。

NI Multisim 软件结合了直观的捕捉和功能强大的仿真，能够快速、轻松、高效地对电路进行设计和验证。凭借 NI Multisim，用户可以立即创建具有完整组件库的电路图，并利用工业标准 SPICE 模拟器模仿电路行为。借助专业的高级 SPICE 分析和虚拟仪器，用户能在设计流程中提早对电路设计进行迅速验证，从而缩短建模循环。与 NI LabVIEW 和 SignalExpress 软件的集成，完善了具有强大技术的设计流程，从而能够比较轻松地实现建模测量。

为适应不同的应用场合，Multisim 推出了许多版本，用户可以根据自己的需要加以选择。

2. 计数、译码和显示电路

计数、译码和显示电路系统主要由计数单元、译码和显示电路单元三部分构成。其系统框图如图 2-11-1 所示。

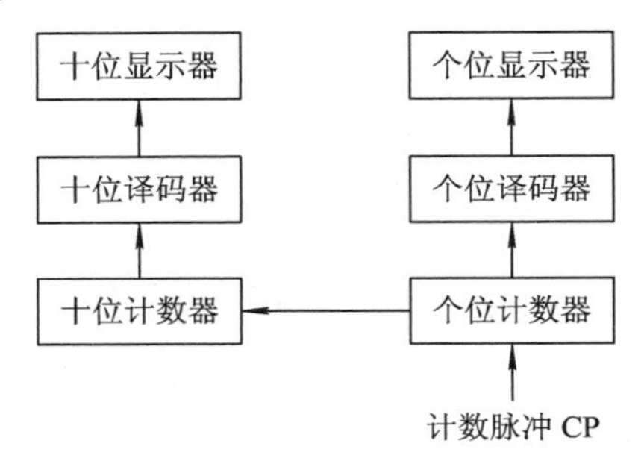

图 2-11-1　计数、译码和显示电路系统框图

三、实验设备与器件

(1) 计算机，一台。

(2) 电子电路设计仿真软件 Multisim 2001，一套。

(3) 参考元器件 74LS74、74LS76、7448、7447、74LS49、74LS160、74LS190、74LS90、七段显示译码器，1 块。

四、预习要求

(1) 复习 D(或 JK)触发器构成计数器的原理。

(2) 熟悉计数器、译码器和七段显示器的工作原理和应用。

(3) 熟悉电子电路设计仿真软件 Multisim 2001。

五、实验内容

设计一个六十进制计数、译码和显示电路。

(1) 拟定设计方案，画出原理总框图。

(2) 设计各单元电路(计数、译码和显示)。

(3) 画出六十进制计数、译码和显示总体电路原理图。

(4) 上机仿真调试。

六、实验报告要求

(1) 画出电路原理总框图及总体电路原理图。

(2) 单元电路分析。

(3) 仿真结果及调试过程中所遇到的故障分析。

七、思考题

(1) 什么是仿真实验?

(2) 仿真实验有哪些特点?

实验十二　利用 TTL 集成逻辑门构成脉冲电路

一、实验目的

(1) 掌握用集成门构成多谐振荡器和单稳电路的基本工作原理。
(2) 了解电路参数变化对振荡器波形的影响。
(3) 了解电路参数变化对单稳电路输出脉冲宽度的影响。

二、实验原理

1. 多谐振荡器

多谐振荡器(Multivibrator)是一种矩形波产生电路，这种电路不需要外加触发信号，便能连续地、周期性地自行产生矩形脉冲，该脉冲是由基波和多次谐波构成，因此称为多谐振荡器电路。在运行过程当中，由于多谐振荡器只存在两个暂稳态(饱和或截止)而没有稳定状态，所以电路就在这两个暂稳态之间自动地交替翻转，又称为无稳态电路。故常被用作脉冲信号源及时序电路中的时钟信号使用。

采用集成逻辑门和 RC 充放电电路构成的自激多谐振荡器，电路比较简单。由两个非门及电容器组成的正反馈电路构成的对称式多谐振荡器电路如图 2-12-1 所示，其振荡频率由 RC 决定。在对振荡频率稳定度指标要求较高的场合，可将石英晶体与上述电路中的耦合电容串联，组成石英晶体多谐振荡器，电路的振荡频率等于石英晶体的谐振频率。

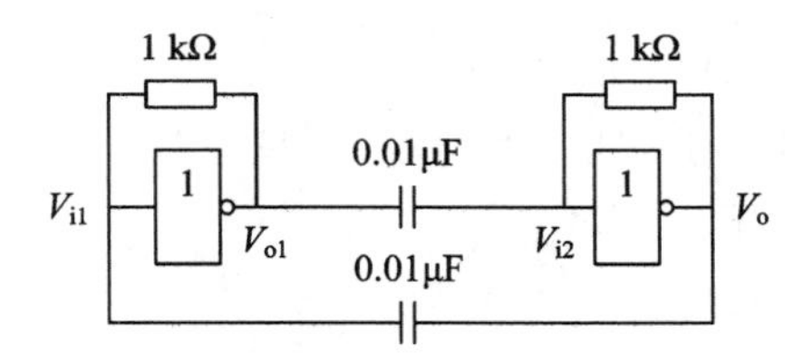

图 2-12-1　对称式多谐振荡器电路

带有 RC 延时环节的环型振荡器电路如图 2-12-2 所示，其振荡频率也由 RC 决定。图中用电位器和电阻串联代替电阻 R，则可构成频率范围可调的矩形波发生器。

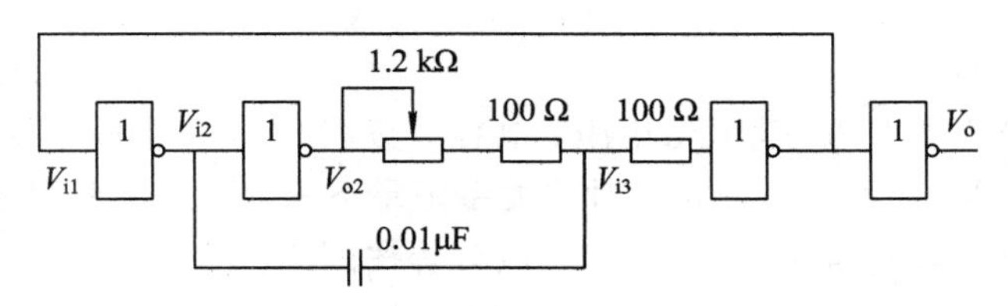

图 2-12-2　环型振荡器电路

2. 单稳态电路

单稳态电路(Monostable-Circuit)是一种具有稳态和暂态两种工作状态的基本脉冲单元电路。没有外加信号触发时，电路处于稳态。在外加信号触发下，电路从稳态翻转到暂态，并且经过一段时间后，电路又会自动返回到稳态。暂态时间的长短取决于电路本身的参数，而与触发信号作用时间的长短无关。

单稳态电路可以由分立元件、集成逻辑门来构成，也可用 555 定时器或单片专用单稳态触发器实现。

积分型单稳态电路：由两个集成逻辑门及 RC 积分电路构成，如图 2-12-3 所示。稳态时 G_1、G_2 同时截止，V_{o1}、V_A、V_o 均为高电平。当 V_i 正脉冲到来时，G_1 导通，立即使 $V_o=V_{OL}$，电路进入暂态。随着电容 C 通过 G_1 的放电，V_A不断下降。当 $V_A=V_{TH}$时，G_2 截止，V_0 回到高电平。当 V_i 由高电平变低电平后，G_1 截止，电容 C 由 G_1 的输出电压经电阻 R 充电，在 V_A恢复到高电平 V_{OH}时，电路回到稳态。该电路适用于宽的正脉冲触发，输出脉冲宽度为：$t_W=(R+R_0)$，其中，R_0 为 G_1 的低电平输出电阻。

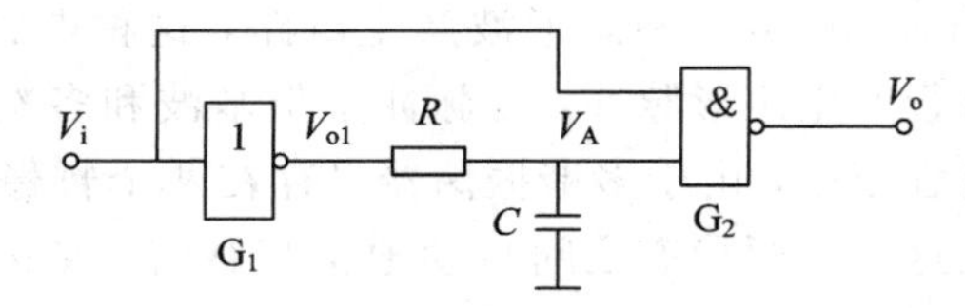

图 2-12-3 积分型单稳态电路

三、实验设备与器件

(1) 数字逻辑实验箱 DSB-3，1 台。

(2) 万用表，1 只。

(3) 双踪示波器 XJ4328/XJ4318，1 台。

(4) 元器件 74LS00，1 块；1.2 kΩ 电位器，1 只。

(5) 电阻、电容、导线若干。

四、预习要求

(1) 复习多谐振荡器和单稳电路的基本工作原理。

(2) 了解电路参数变化对振荡器波形的影响。

(3) 了解电路参数变化对单稳电路输出脉冲宽度的影响和测试方法。

五、实验内容

(1) 将 74LS00 2 输入四与非门、电阻、电容等按图 2-12-1 所示电路接线。用示波器观察 V_{i1}、V_{o1}、V_{i2}、V_o 的波形。按时间对应关系记录下来，测出振荡器输出波形的周期。

(2) 将 74LS00 2 输入四与非门、电阻、电容等按图 2-12-2 所示电路接线。经检查无误后方可接通电源。用示波器观察 V_{i1}、V_{i2}、V_{o2}、V_{i3}、V_o 的波形，按时间对应关系记录下来。

改变电位器的阻值，用示波器观察振荡周期的变化趋势，计算出该振荡器振荡频率的变化范围。

(3) 积分型单稳电路。积分型单稳实验电路按图 2-12-4 所示电路接线，用实验箱上的高频连续脉冲作为输入信号 V_{i1}。

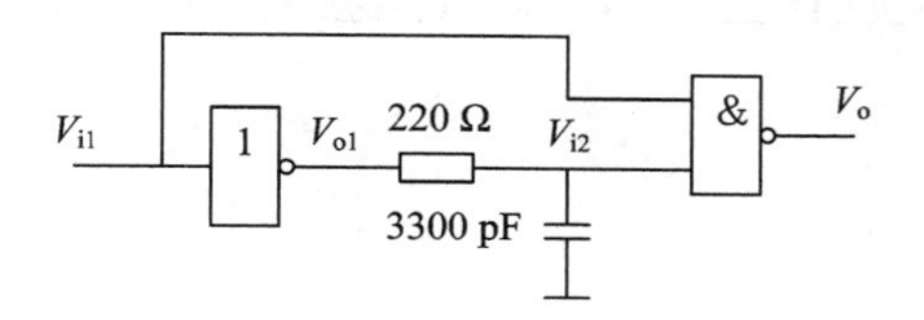

图 2-12-4　积分型单稳实验电路

用示波器观察波形：调整输入波形为一定脉冲宽度时，用示波器观察 V_{i1}、V_{o1}、V_{i2}、V_o 的波形，按时间对应关系记录下来，测出输出脉冲的宽度。

将图 2-12-4 电路再加一级非门输出，比较两种电路的输出波形有无不同，将电容改为 0.01 μF，再测量电路输出脉冲的宽度。

六、实验报告要求

(1) 画出实验测试电路和波形图，分析实验结果。

(2) 将实验所得数据与理论计算值相比较，分析不一致的原因：测量误差；理论计算误差。

(3) 总结归纳元件参数的改变对电路参数的影响。

七、思考题

(1) 多谐振荡器的作用是什么？

(2) 单稳电路的作用是什么？

(3) TTL 与非门组成的积分型单稳态触发器电路中，若要将输出脉冲宽度增加 1 倍，电容不变，电阻的阻值应如何改变？

(4) 实验中用示波器测量输出脉冲宽度时，应测量高电平还是低电平的宽度？

实验十三 555时基电路的测试

一、实验目的

(1) 熟悉555时基电路的工作原理。

(2) 了解555时基电路的外引线排列和功能

(3) 熟悉555时基电路逻辑功能的测试方法。

二、实验原理

集成时基电路又称为集成定时器或555电路，是一种数字、模拟混合型的中规模集成电路，应用十分广泛。它是一种产生时间延迟和多种脉冲信号的电路，由于内部电压标准使用了三个5 k电阻，故取名555电路。其电路类型有双极型和CMOS型两大类，二者的结构与工作原理类似。几乎所有的双极型产品型号最后的三位数码都是555或556；所有的CMOS产品型号最后四位数码都是7555或7556，二者的逻辑功能和引脚排列完全相同，易于互换。555和7555是单定时器。556和7556是双定时器。双极型的电源电压V_{CC}＝＋5 V～＋15 V，输出的最大电流可达200 mA，能直接驱动小型电机，继电器和低阻抗扬声器。CMOS型的电源电压为＋3～＋18 V。

555定时器的内部原理框图如图2-13-1所示，它是由上下两个电压比较器、三个5 kΩ电阻、一个RS触发器、一个放电三极管T以及功率输出级组成。比较器C_1的输入端⑤接到由三个5 kΩ电阻组成的分压网络的$(2/3)V_{CC}$处，输入端⑥为阈值电压输入端。比较器C_2的输入端接到分压电阻网络的$1/3V_{CC}$处，输入端②为触发电压输入端，用来启动电路。两个比较器的输出控制RS触发器，当比较器$C_2$②端的触发输入电压$V_2<(1/3)V_{CC}$，比较器$C_1$⑥端的阈值输入电压$V_6<(2/3)V_{CC}$时，C_2输出为1，C_1输出为0，即RS触发器的S＝1，R＝0，故触发器置位，Q＝0，所以放电三极管V截止。而当$V_2>(1/3)V_{CC}$，$V_6>(2/3)V_{CC}$时，S=0，R=1，触发器被复位，Q=1，放电三极管V导通。此外，RS触发器还设有复位端$\bar{R}$④，当复位端处于低电平时，输出③为低电平。控制电压端⑤是比较器C_1的基准电压端，通过外接元件或电压源可改变控制端的电压值，即可改变比较器C_1、C_2的参考电压。不用时可将它与地之间接一个0.01 μF的电容，起滤波作用，以消除外来的干扰，以确保参考电平的稳定。

V为放电管，当V导通时，将给接于脚7的电容器提供低阻放电通路。

555定时器主要是与电阻、电容构成充放电电路，并由两个比较器来检测电容器上的电压，以确定输出电平的高低和放电开关管的通断。这就很方便地构成从微秒到数十分钟的延时电路，可方便地构成单稳态触发器，多谐振荡器，施密特触发器等脉冲产生或波形变换电路。

555定时器的外引线排列图如图2-13-2所示。

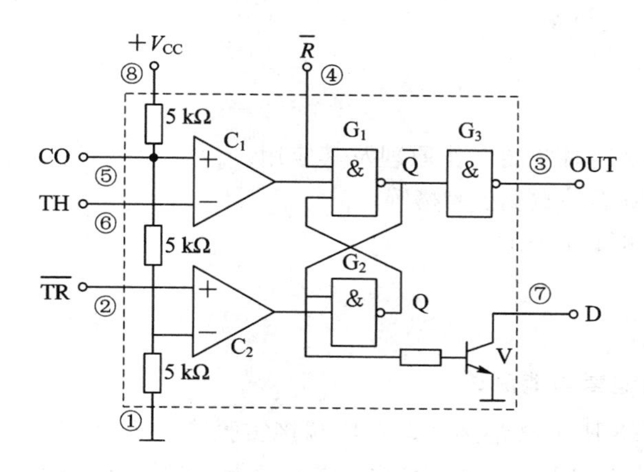

图 2-13-1　555 定时器内部框图

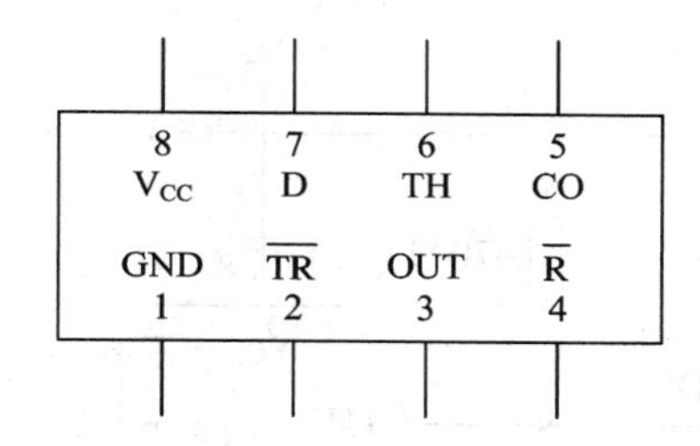

图 2-13-2　555 定时器外引线排列图

555 定时器的基本功能如表 2-13-1 所示。

表 2-13-1　555 定时器的基本功能表

输　入			输　出	
阈值端⑥	触发端②	复位端④	输出端③	放电端⑦
×	×	0	0	导通
$<\frac{2}{3}V_{CC}$	$<\frac{1}{3}V_{CC}$	1	1	截止
$>\frac{2}{3}V_{CC}$	$>\frac{1}{3}V_{CC}$	1	0	导通
$<\frac{2}{3}V_{CC}$	$>\frac{1}{3}V_{CC}$	1	不变	不变

三、实验设备与器件

(1) 数字逻辑实验箱 DSB-3，1 台。

(2) 万用表，1 只。

(3) 双踪示波器，1 台。

(4) 元器件 NE555，1 块；1.2 kΩ 电位器，2 只。

（5）电阻、电容、导线若干。

四、预习要求

（1）复习有关555定时器的工作原理及其应用。

（2）拟定实验中所需的数据、表格等。

（3）拟定实验的步骤和方法。

五、实验内容

1. 555时基电路逻辑功能测试

（1）按图2-13-3所示电路接线，将$\overline{R}$端接实验箱的逻辑电平开关，输出端OUT和放电管输出端D分别接LED电平显示(注：放电管导通时灯灭，放电管截止时灯亮)，检查无误后，方可进行测试。

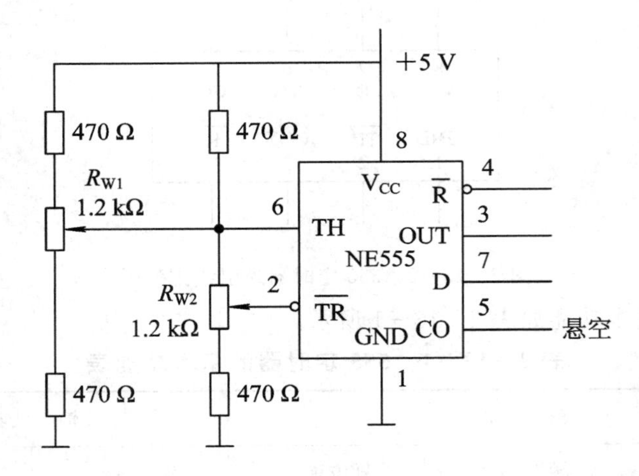

图2-13-3　555时基电路逻辑功能测试电路

（2）按表2-13-2进行测试，改变R_{W1}和R_{W2}的阻值，观察放电管状态是否改变。

表2-13-2　555时基电路逻辑功能测试表1

TH	$\overline{TR}$	$\overline{R}$	OUT	放电管状态(导通/截止)

（3）按表2-13-3进行测试，将结果记录下来，用万用表测出TH和$\overline{TR}$端的转换电压(注：表中用Q^n和Q^{n+1}表示输出端OUT的现态和次态，某步骤若状态未转换，转换电压一栏填X)，与理论值$2/3V_{CC}$和$1/3V_{CC}$比较，是否一致。

表 2-13-3　555 时基电路逻辑功能测试表 2

步骤	$\overline{TR}$	TH	$\overline{R}$	Q^n	Q^{n+1}	转换电压
0	$>\frac{1}{3}V_{CC}$	$<\frac{2}{3}V_{CC}$	0→1			
1	$\to<\frac{1}{3}V_{CC}$	$<\frac{2}{3}V_{CC}$	1			
2	$\to>\frac{1}{3}V_{CC}$					
3	$>\frac{1}{3}V_{CC}$	$\to>\frac{2}{3}V_{CC}$				
4		$\to<\frac{2}{3}V_{CC}$				
5	$>\frac{1}{3}V_{CC}$	$\to>\frac{2}{3}V_{CC}$				
6	$\to<\frac{1}{3}V_{CC}$	$>\frac{2}{3}V_{CC}$				

六、实验报告要求

（1）画出实验测试电路，将测试结果填入表格。

（2）将实验所得数据与理论计算值相比较，分析不一致的原因。

七、思考题

（1）555 时基电路的 TH、$\overline{\text{TR}}$、$\overline{\text{R}}$ 端分别采用什么触发方式？

（2）555 时基电路中，CO 端为基准电压控制端，当悬空时，触发电平分别为多少？当接固定电平时，触发电平分别为多少？

实验十四　555 时基电路的应用

一、实验目的

（1）熟悉 555 时基电路的工作原理。

（2）熟悉 555 时基电路的应用。

（3）熟悉用 555 集成定时器与外接电阻和电容构成的单稳触发器、多谐振荡器和施密特触发器的工作原理。

二、实验原理及参考电路

555 时基电路可方便地构成单稳态触发器，多谐振荡器，施密特触发器等脉冲产生或波形变换电路。

1. 构成单稳态触发器

图 2－14－1(a)为由 555 时基电路和外接定时元件 R、C 构成的单稳态触发器。触发电路由 C_1、R_1、V 构成，其中 V 为钳位二极管，稳态时 555 电路输入端处于电源电平，内部放电开关管导通，输出端 F 输出低电平，当有一个外部负脉冲触发信号经 C_1 加到 2 端，并使 2 端电位瞬时低于 $1/3V_{CC}$时，低电平比较器动作，单稳态电路即开始一个暂态过程，电容 C 开始充电，V_C按指数规律增长。当 V_C充电到 $2/3V_{CC}$时，高电平比较器动作，比较器 A_1 翻转，输出 V_o从高电平返回低电平，放电开关管重新导通，电容 C 上的电荷很快经放电开关管放电，暂态结束，恢复稳态，为下个触发脉冲的到来作好准备。其波形图如图 2－14－1(b)所示。

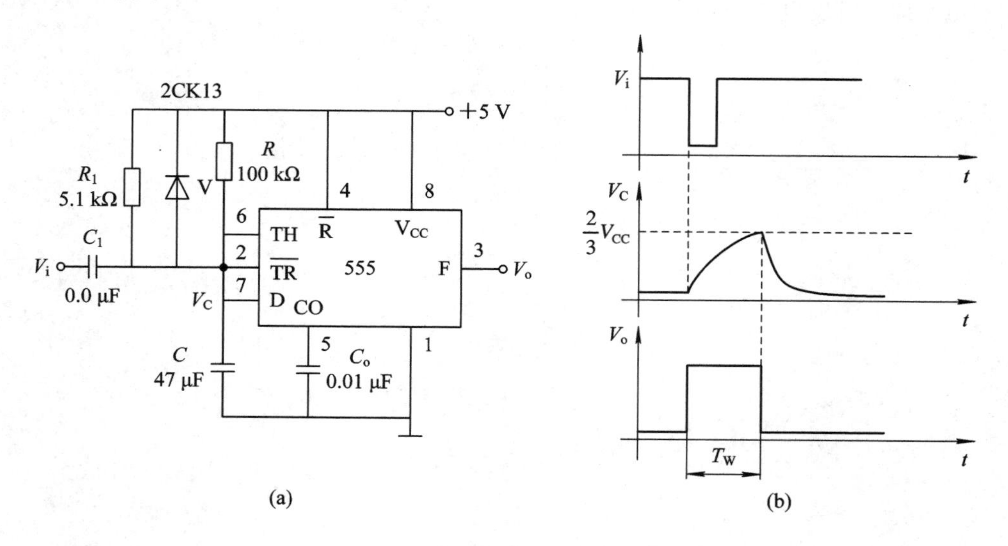

图 2－14－1　555 时基电路构成的单稳态触发器

暂稳态的持续时间 T_W(即为延时时间)决定于外接元件 R、C 值的大小。

$$T_W = 1.1RC$$

通过改变 R、C 的大小，可使延时时间在几个微秒到几十分钟之间变化。当这种单稳态电路作为计时器时，可直接驱动小型继电器，并可以使用复位端(4 脚)接地的方法来中止暂态，重新计时。此外尚须用一个续流二极管与继电器线圈并接，以防继电器线圈反电势损坏内部功率管。

2. 构成多谐振荡器

由 555 定时器和外接元件 R_1、R_2、C 构成的多谐振荡器如图 2-14-2(a)所示，脚 2 与脚 6 直接相连。电路没有稳态，仅存在两个暂稳态，电路亦不需要外加触发信号，利用电源通过 R_1、R_2 向 C 充电，以及 C 通过 R_2 向放电端 C_t 放电，使电路产生振荡。电容 C 在 $(1/3)V_{CC}$ 和 $(2/3)V_{CC}$ 之间充电和放电，其波形如图 2-14-2(b)所示。输出信号的时间参数是

$$T = T_{W1} + T_{W2},\ T_{W1} = 0.7(R_1 + R_2)C,\ T_{W2} = 0.7R_2C$$

555 电路要求 R_1 与 R_2 均应大于或等于 1 kΩ，但 $R_1 + R_2$ 应小于或等于 3.3 MΩ。

外部元件的稳定性决定了多谐振荡器的稳定性，555 定时器配以少量的元件即可获得较高精度的振荡频率和具有较强的功率输出能力，因此这种形式的多谐振荡器应用很广。

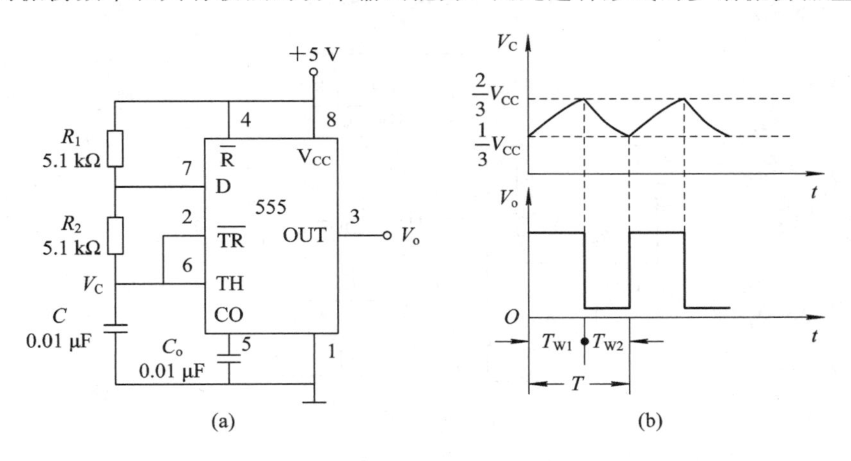

图 2-14-2　555 时基电路构成的多谐振荡器

3. 组成占空比可调的多谐振荡器

占空比可调的多谐振荡器电路如图 2-14-3 所示，它比图 2-14-2 所示电路增加了一个电位器和两个导引二极管。V_1、V_2 用来决定电容充、放电电流流经电阻的途径(充电时 V_1 导通，V_2 截止；放电时 V_2 导通，V_1 截止)。

$$\text{占空比}\ P = \frac{T_{W1}}{T_{W1} + T_{W2}} \approx \frac{0.7R_AC}{0.7C(R_A + R_B)} = \frac{R_A}{R_A + R_B}$$

可见，若取 $R_A = R_B$，电路即可输出占空比为 50% 的方波信号。

4. 组成占空比连续可调并能调节振荡频率的多谐振荡器

占空比连续可调并能调节振荡频率的多谐振荡器电路如图 2-14-4 所示。对 C_1 充电时，充电电流通过 R_1、V_1、R_{W2} 和 R_{W1}；放电时通过 R_{W1}、R_{W2}、V_2、R_2。当 $R_1 = R_2$、R_{W2} 调至中心点时，因充放电时间基本相等，其占空比约为 50%，此时调节 R_{W1} 仅改变频率，占空比不变。如 R_{W2} 调至偏离中心点，再调节 R_{W1}，不仅振荡频率改变，而且对占空比也有影

响。R_{W1}不变，调节R_{W2}，仅改变占空比，对频率无影响。因此，当接通电源后，应首先调节R_{W1}使频率至规定值，再调节R_{W2}，以获得需要的占空比。若频率调节的范围比较大，还可以用波段开关改变C_1的值。

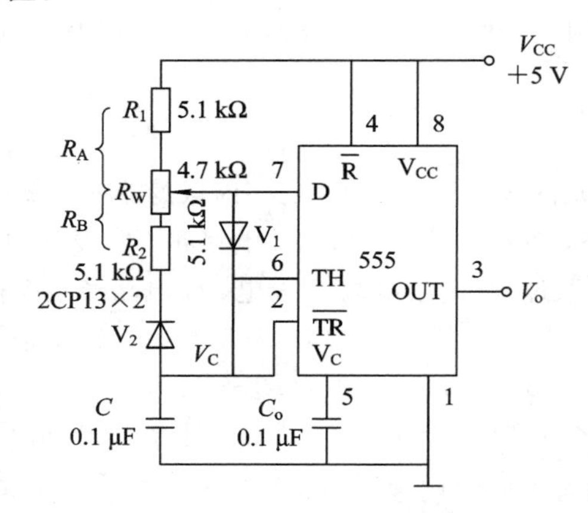

图 2-14-3 占空比可调的多谐振荡器

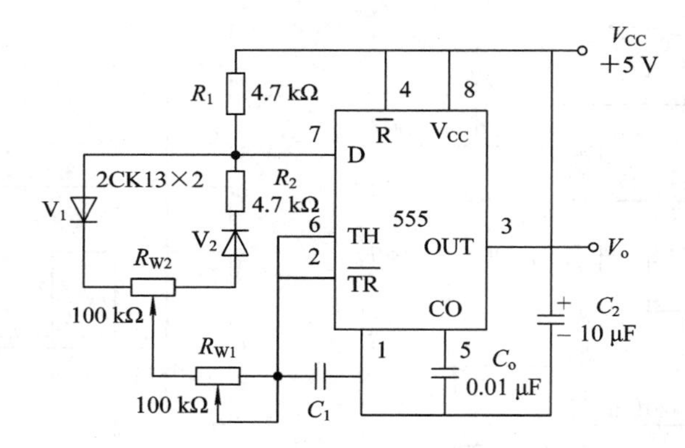

图 2-14-4 占空比与频率均可调的多谐振荡器

5. 组成施密特触发器

555时基电路构成的施密特触发器电路如图2-14-5所示，只要将脚2、6连在一起作为信号输入端，即得到施密特触发器。图2-14-6示出了V_s、V_i和V_o的波形图。

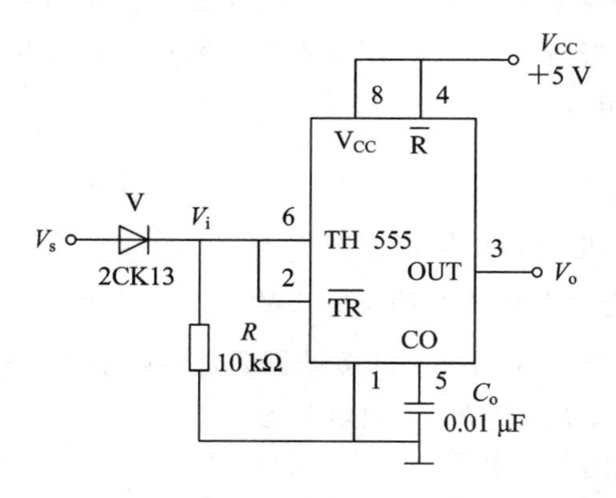

图 2-14-5 555时基电路构成的施密特触发器

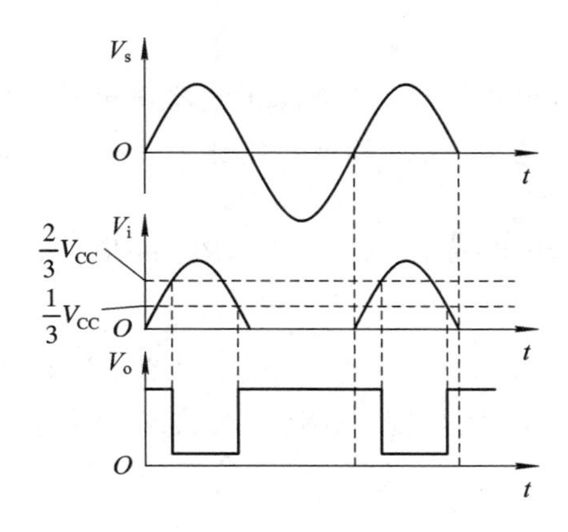

图 2-14-6　波形变换图

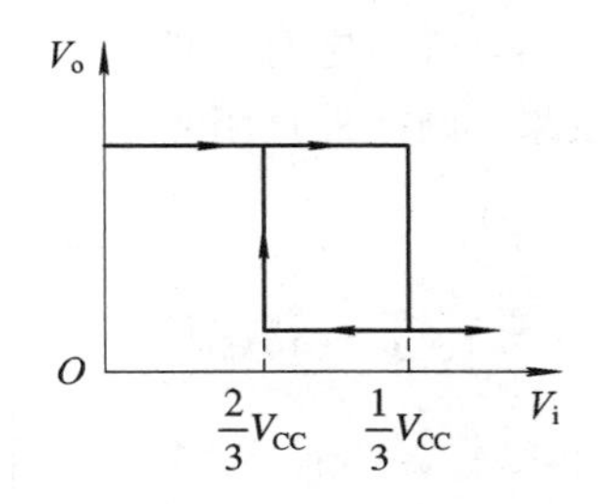

图 2-14-7　电压传输特性

设被整形变换的电压为正弦波 V_s，其正半波通过二极管 V 同时加到定时器的 2 脚和 6 脚，得 V_i 为半波整流波形。当 V_i 上升到$(2/3)V_{CC}$时，V_o 从高电平翻转为低电平；当 V_i 下降到$(1/3)V_{CC}$时，V_o 又从低电平翻转为高电平。电路的电压传输特性曲线如图 2-14-7 所示。

回差电压 $\Delta V=\frac{2}{3}V_{CC}-\frac{1}{3}V_{CC}=\frac{1}{3}V_{CC}$。

三、实验设备与器件

(1) 数字逻辑实验箱 DSB-3，1 台。

(2) 万用表，1 只。

(3) 双踪示波器，1 台。

(4) 元器件 NE555，2 块；开关二极管 2CK13，2 只；4.7 kΩ 电位器、100 kΩ 电位器，1 只；喇叭 1 只。

(5) 电阻、电容、导线若干。

四、预习要求

(1) 复习有关 555 定时器的工作原理及其应用。

(2) 拟定实验中所需的数据、表格等。

(3) 拟定实验的步骤和方法。

五、实验内容

1. 单稳态触发器

(1) 按图 2-14-1 所示电路连线，取 $R=100$ kΩ，$C=47$ μF，输入信号 V_i 由单次脉冲源提供，用双踪示波器观测 V_i、V_c、V_o 的波形。

(2) 将 R 改为 5 kΩ，C 改为 0.1 μF，输入端加 1 kHz 的连续脉冲，观测波形 V_i、V_c、V_o，测定幅度及暂稳时间。

2. 多谐振荡器

(1) 按图 2－14－2 所示电路接线，用双踪示波器观测 V_C 与 V_o 的波形，测定频率。

(2) 按图 2－14－3 所示电路接线，组成占空比为 50%的方波信号发生器。观测 V_C 与 V_o 波形，测定波形参数。

(3) 按图 2－14－4 所示电路接线，通过调节 R_{W1} 和 R_{W2} 来观测输出波形。

3. 施密特触发器

按图 2－14－5 所示电路接线，输入信号由音频信号源提供，预先调好 V_s 的频率为 1 kHz，接通电源，逐渐加大 V_s 的幅度，观测输出波形，测绘电压传输特性，算出回差电压 ΔV。

4. 模拟声响电路

555 时基电路构成的模拟声响电路如图 2－14－8 所示，用 555 时基电路组成两个多谐振荡器，调节定时元件，使Ⅰ输出较低频率，Ⅱ输出较高频率，连好线，接通电源，试听音响效果。调换外接阻容元件，再试听音响效果。

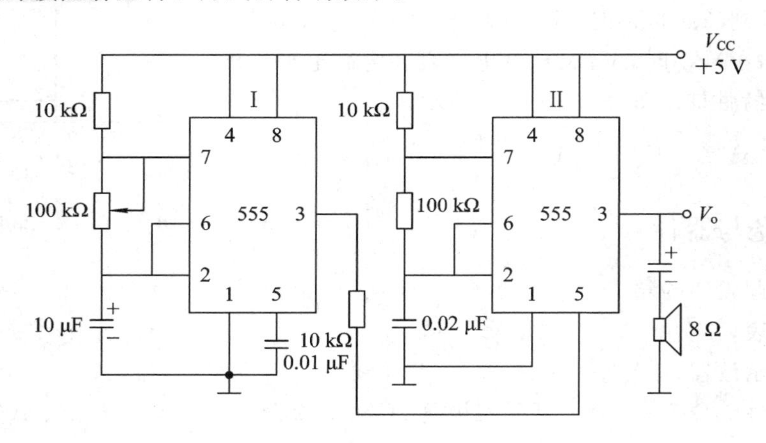

图 2－14－8 555 时基电路构成的模拟声响电路

六、实验报告要求

(1) 画出实验测试电路和波形图，分析实验结果。

(2) 总结归纳元件参数的改变对电路参数的影响。

七、思考题

(1) 如何用示波器测定施密特触发器的电压传输特性曲线？

(2) 555 时基电路构成的模拟声响电路中的两个多谐振荡器分别起什么作用？

第三部分

数字电子技术设计性实验

实验一　简易数字控制电路设计

一、实验任务和目的

1. 实验任务

设计并组装一简易数字控制电路。计数器从 $0_{(10)}$ 开始计数，到 $100_{(10)}$ 时，显示灯(模拟受控设备)亮。计数器继续计数，计数到 $300_{(10)}$ 时，显示灯暗，同时计数器清零。接着再重复上述循环。用七段数码管显示计数过程，不显示有效数字以外的零。

2. 实验目的

(1) 熟悉计数器、七段译码器和数码显示管的工作原理。

(2) 学会自选集成电路组成小逻辑系统。

(3) 了解使能端的作用。

(4) 学会分析和排除故障。

二、实验预习

(1) 复习组合逻辑电路的设计方法。

(2) 熟悉逻辑门电路的功能。

(3) 准备实验器材：数字电路实验箱，导线若干。

三、实验内容

设计实验任务所要求实现的电路，其方框图如图 3-1-1 所示。选定器件型号，画出安装图。

按设计组装电路，观测其功能是否满足实验任务的要求，研究各使能端的作用，分析和排除可能出现的故障。

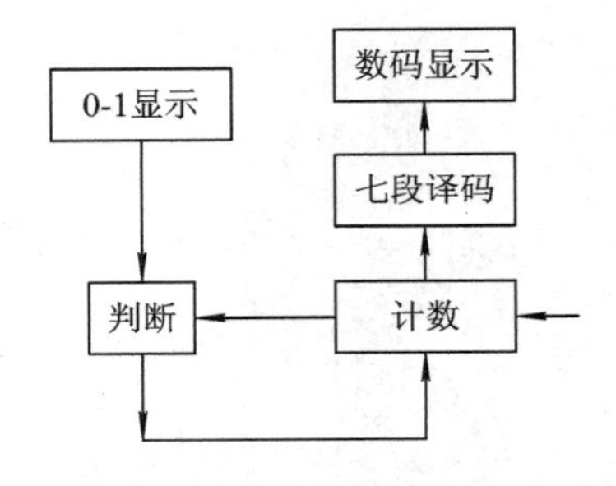

图 3-1-1　简易数字控制电路方框图

四、实验报告要求

(1) 画出实验电路，说明工作原理。

(2) 说明各使能端的作用。

(3) 分析测试结果。

(4) 分析与排除故障的收获。

实验二　简易数字计时电路设计

一、实验任务和目的

1. 实验任务

设计并组装一简易数字计时电路。能显示“小时”(0～23 时)、“分”(0～59 分)和“秒”(0～59 秒)。小时、分、秒的十位的零均不予以显示。

2. 实验目的

(1) 熟悉计数器(N 进制)、七段译码器及数码显示管的工作原理。

(2) 学会自选集成电路组成小逻辑系统。

(3) 了解使能端的作用。

(4) 学会分析和排除故障。

二、实验预习

(1) 复习组合逻辑电路的设计方法。

(2) 熟悉逻辑门电路的功能。

(3) 准备实验器材：数字电路实验箱，导线若干。

三、实验内容

按实验任务要求设计电路，其方框图如图 3-2-1 所示。选定器件型号，画出安装图。

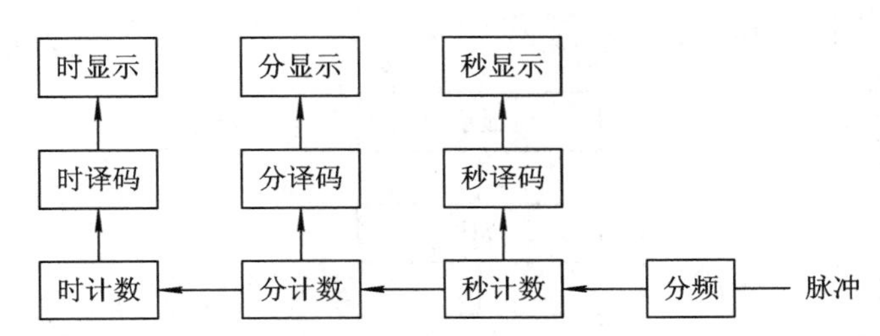

图 3-2-1　简易数字计时电路

按设计组装电路，观测其功能是否满足实验任务的要求，研究各使能端的作用，分析和排除可能出现的故障。

四、实验报告要求

(1) 画出实验电路，说明工作原理。

(2) 说明各使能端的作用。

(3) 分析测试结果。

(4) 分析与排除故障的收获。

实验三 电梯楼层显示电路设计

一、实验任务和目的

1. 实验任务

设计并组装十层楼的电梯楼层显示电路。

2. 实验目的

(1) 熟悉可逆计数器、译码器和数码显示管的工作原理。

(2) 学会自选集成电路设计和组装小逻辑系统。

(3) 了解使能端的作用。

(4) 学会分析和排除故障。

二、实验预习

(1) 复习组合逻辑电路的设计方法。

(2) 熟悉计数、译码和显示电路的功能。

(3) 准备实验器材：数字电路实验箱，导线若干。

三、实验内容

设计一个十层电梯楼层显示电路。其方框图如图 3-3-1 所示。选定器件型号，画出安装图。说明：电梯每经过一层，“楼层信号”输入一个脉冲。电梯上升时“上升”为高电平，“下降”为低电平；下降时相反。

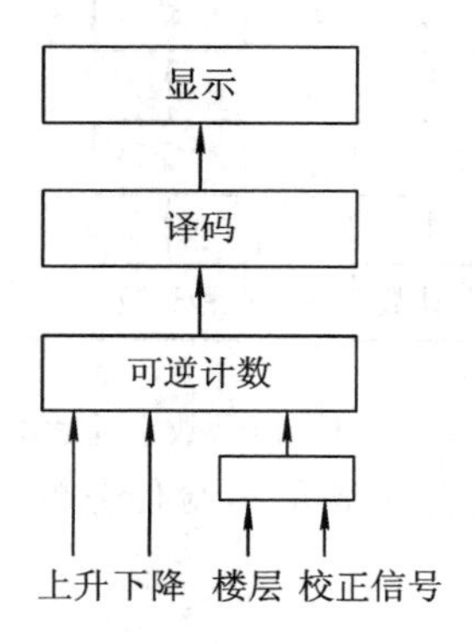

图 3-3-1 电梯楼层显示电路

组装实验任务所要求实现的电路。观测其功能是否满足实验任务的要求，研究各使能端的作用，分析并排除可能出现的故障。

四、实验报告要求

(1) 画出实验电路，说明工作原理。

(2) 说明各使能端的作用。

(3) 分析测试结果。

(4) 分析与排除故障的收获。

实验四　循环灯电路设计

一、实验任务和目的

1. 实验任务

设计并组装如图 3－4－1 所示产生循环灯所需的状态序列的电路。

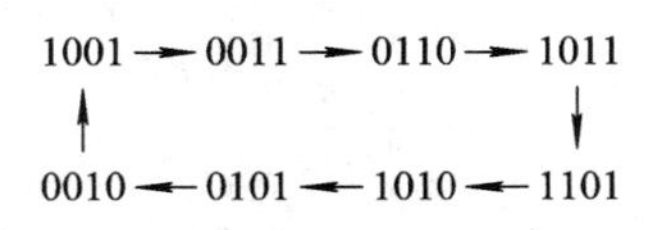

图 3－4－1　循环灯循环状态

2. 实验目的

(1) 熟悉双向移位寄存器的工作原理、集成电路的使用方法和使能端的作用。

(2) 学会设计和组装特殊状态序列的移位寄存器(计数器)。

(3) 学会分析和排除故障。

二、实验预习

(1) 复习组合逻辑电路的设计方法。

(2) 熟悉逻辑门电路的功能。

(3) 准备实验器材：数字电路实验箱，导线若干。

三、实验内容

设计实验任务所要求实现的电路。其方框图如图 3－4－2 所示。选定器件型号，画出安装图。

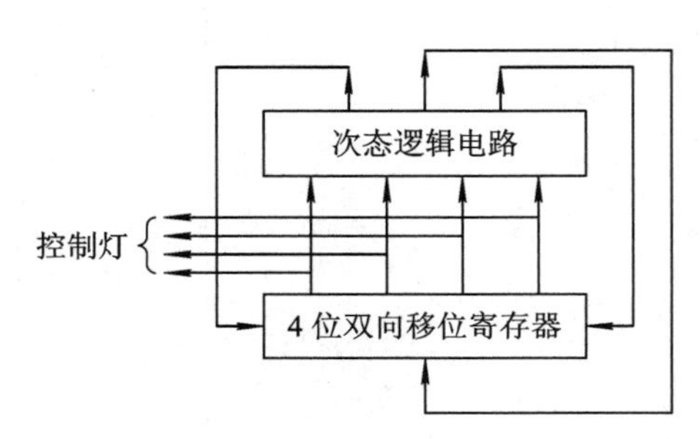

图 3－4－2　循环灯电路方框图

用寄存器的每一位控制一组灯。各组灯布置成各式各样的图案。由于寄存器具有不同的状态，点亮的灯光就形成多种多样的美丽的画面。寄存器的状态不断地循环变化，又给这些图案添加了动感。因此，设计最佳的寄存器状态序列，就会形成动人的灯光循环。

组装产生循环灯所需状态序列的电路，测试其功能是否满足实验任务的要求，研究各使能端的作用，分析并排除可能出现的故障。

四、实验报告要求

（1）画出实验电路，说明工作原理。

（2）说明各使能端的作用。

（3）分析测试结果。

（4）分析与排除故障的收获。

实验五　楼梯照明电路的设计

一、实验任务和目的

1. 实验任务

设计一个楼梯照明电路，要求装在一、二、三楼上的开关都能对楼梯上的同一个电灯进行开关控制。合理选择器件完成设计。

2. 实验目的

(1) 学会组合逻辑电路的设计方法。

(2) 熟悉 74 系列通用逻辑芯片的功能。

(3) 学会数字电路的调试方法。

二、实验预习

(1) 复习组合逻辑电路的设计方法。

(2) 熟悉逻辑门电路的种类和功能。

(3) 准备实验器材：数字电路实验箱，导线若干。

三、实验内容

(1) 分析设计要求，列出真值表。设 A、B、C 分别代表装在一、二、三楼的三个开关，规定开关向上为"1"，开关向下为"0"；照明灯用 Y 代表，灯亮为"1"，灯暗为"0"。根据题意列出如表 3－5－1 所示的真值表。

表 3－5－1　楼梯照明电路真值表

输　入			输　出
A	B	C	Y

(2) 根据真值表，写出逻辑函数表达式。

(3) 将输出逻辑函数表达式化简或转化形式。

(4) 根据输出逻辑函数画出逻辑图。

(5) 在实验箱上搭建电路。将输入变量 A、B、C 分别接到数字逻辑开关 K1(对应信号灯 LED_1)、K2(对应信号灯 LED_2)、K3(对应信号灯 LED_3)接线端上，输出端 Y 接到“电位显示”接线端上。将面包板的 V_{CC} 和“地”分别接到实验箱的+5 V 与“地”的接线柱上。检查无误后接通电源。

(6) 使输入变量 A、B、C 的状态按表 3-5-2 所示的要求变化，观察“电位显示”输出端的变化，并将结果记录到表 3-5-2 中。

表 3-5-2　楼梯照明电路实验结果

输　入			输　出
LED_1	LED_2	LED_3	电位输出
暗	暗	暗	
暗	暗	亮	
暗	亮	暗	
暗	亮	亮	
亮	暗	暗	
亮	暗	亮	
亮	亮	暗	
亮	亮	亮	

(7) 用集成逻辑门电路在印刷电路板上焊接电路，并进行调试和测试。

四、实验报告要求

(1) 写出设计过程。

(2) 整理实验记录表，分析实验结果。

(3) 画出用与非门、或非门和非门实现该电路的逻辑图。

实验六　三人表决器的设计

一、实验任务和目的

1. 实验任务

设计一个三人(用 A、B、C 代表)表决电路。要求 A 具有否决权，即当表决某个提案时，多数人同意且 A 也同意时，提案通过。用与非门实现。

2. 实验目的

(1) 学会组合逻辑电路的设计方法。

(2) 熟悉 74 系列通用逻辑芯片的功能。

(3) 学会数字电路的调试方法。

二、实验预习

(1) 复习组合逻辑电路的设计方法。

(2) 熟悉逻辑门电路的功能。

(3) 准备实验器材：数字电路实验箱，导线若干。

三、实验内容

(1) 分析设计要求，列出真值表。设 A、B、C 三人表决同意提案时用“1”表示，不同意时用“0”表示；Y 为表决结果，提案通过用“1”表示，通不过用“0”表示，同时还应考虑 A 具有否决权。由此可列出表 3-6-1 所示的真值表。

表 3-6-1　三人表决器的真值表

输　入			输　出
A	B	C	Y

(2) 根据真值表，写出逻辑函数表达式。

(3) 将输出逻辑函数化简后，变换为与非表达式。

(4) 根据输出逻辑函数画逻辑图。

(5) 在实验箱上搭建电路。将输入变量 A、B、C 分别接到数字逻辑开关 K1(对应信号灯 LED_1)、K2(对应信号灯 LED_2)、K3(对应信号灯 LED_3)接线端上，输出端 Y 接到“电位显示”接线端上。将面包板的 V_{CC} 和“地”分别接到实验箱的 +5 V 与“地”的接线柱上。检查无误后接通电源。

(6) 将输入变量 A、B、C 的状态按表 3-6-2 所示的要求变化，观察“电位显示”输出端的变化，并将结果记录到表 3-6-2 中。

表 3-6-2　三人表决器实验结果

输　入			输　出
LED_1	LED_2	LED_3	电位输出
暗	暗	暗	
暗	暗	亮	
暗	亮	暗	
暗	亮	亮	
亮	暗	暗	
亮	暗	亮	
亮	亮	暗	
亮	亮	亮	

(7) 用集成逻辑门电路在印刷电路板上焊接电路，并进行调试和测试。

四、实验报告要求

(1) 写出设计过程。

(2) 整理实验记录表，分析实验结果。

(3) 画出用或非门和非门实现该电路的逻辑图。

实验七　简易交通灯控制电路的设计

一、实验任务和目的

1. 实验任务

设计一个简易交通灯控制电路。要求：

(1) 有三个输出端分别表示红、绿、黄三灯，交通灯亮的顺序是红、黄、绿、黄、红，依次循环。

(2) 三种灯亮的时间是红、绿灯每次亮 10 s，黄灯每次亮 5 s。

(3) 具有手动控制功能，能使某种颜色的灯亮时间为定值。

(4) 输出用发光二极管显示。

2. 实验目的

(1) 掌握计数器 74LS193 和译码器 74LS138 的工作原理及使用方法。

(2) 了解循环码节拍分配器的工作原理、设计方法及应用。

(3) 学会数字电路的调试方法。

二、实验预习

(1) 复习组合逻辑电路的设计方法。

(2) 熟悉计数器 74LS193 和译码器 74LS138 的工作原理及使用方法。

(3) 准备实验器材：数字电路实验箱，导线若干。

三、实验内容

设计一个用循环码节拍分配电路实现的简易交通灯控制电路。

利用循环码节拍分配器设计此电路，由计数器和译码器实现交通灯按红、黄、绿、黄、红依次循环。计数器由统一的时钟脉冲控制。本次实验中红、绿灯与黄灯亮的时间比为 2∶1，故可利用译码器的其中三个输出管脚表示红灯、绿灯与黄灯，通过改变 CP 频率，即可实现实验要求。此外，可利用控制信号 P 实现自动控制和手动控制的切换。

节拍分配器工作原理：

如图 3－7－1 所示，节拍分配器由 N 级触发器组成的计数器和 N 线译码器组成，对应计数器的 2^n 个状态，译码器使 2^n 个输出端只有一个输出呈现有效电平。在时钟脉冲的作用下，计数器改变状态，译码器的各个输出端就轮流出现有效电平。

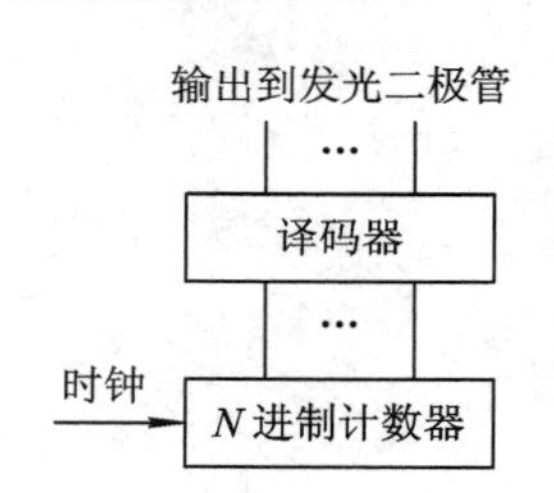

图 3－7－1　节拍分配器原理

当计数器是循环计数时，该节拍分配器就称为循环码节拍分配器，常用于计算机通信设备中。

节拍分配器的应用：

基于节拍分配器的原理，可以设计彩灯控制器。利用译码器的各个输出端去控制不同的彩灯亮或不亮。当有两个彩灯连在一端时，就会两个两个地亮，其余类推。当在一个彩灯环中有多组彩灯时，把每组的同个颜色的连接在同一端就会产生移动的效果。

实验注意事项：

(1) 译码器 74LS138 控制端 $E_1E_2E_3=001$ 才可译码，译码输入端是 C、B、A 由高到低；

(2) 译码器输出是低电平有效，要考虑发光二极管的极性；

(3) 计数器 74LS193 清零端是高电平有效。

四、实验报告要求

(1) 根据实验内容的要求，设计合理的实验电路，画出逻辑电路图。

(2) 分析实验中遇到的问题，说明解决办法。

(3) 回答思考题：上述交通灯电路如果要求灯亮时间可调该如何设计？

实验八　数字电子技术课程设计——数字钟的设计

一、设计指标

（1）显示时、分、秒。

（2）可以24小时制或12小时制显示。

（3）具有校时功能，可以对小时和分单独校时。对分校时的时候，停止分向小时进位。校时时钟源可以手动输入或借用电路中的时钟。

（4）具有正点报时功能，正点前10秒开始，蜂鸣器1秒响1秒停地响5次。

（5）为了保证计时准确、稳定，由晶体振荡器提供标准时间的基准信号。

二、设计要求

（1）画出总体设计框图，以说明数字钟由哪些相对独立的功能模块组成，标出各个模块之间的互相联系，时钟信号传输路径、方向和频率变化，并以文字对原理作辅助说明。

（2）设计各个功能模块的电路图，并加上原理说明。

（3）选择合适的元器件，在面包板上接线验证、调试各个功能模块的电路，在接线验证时设计、选择合适的输入信号和输出方式，在确保电路正确性的同时，输入信号和输出方式要便于电路的测试和故障排除。

（4）在验证各个功能模块基础上，对整个电路的元器件和布线进行合理布局，进行整个数字钟电路的接线调试。

三、制作要求

自行装配、接线和调试，并能检查和发现问题，根据原理、现象和测量的数据分析问题所在，加以解决。要解决的问题包括元器件和面包板故障引起的问题。

四、设计报告内容要求

（1）实验目的。

（2）设计指标。

（3）画出设计的原理框图，并要求说明该框图的工作过程及每个模块的功能。

（4）元器件清单。

（5）设计制作的进程，考虑时钟及控制信号的关系、测试、验证的顺序，写出自己的工作进程。

（6）画出各功能模块的电路图，加上原理说明(如二、五进制到十进制转换，十进制到六进制转换的原理，个位到十位的进位信号选择和变换等)。

（7）画出总布局接线图(集成块按实际布局位置画，关键的连接应单独画出，计数器到译码器的数据线、译码器到数码管的数据线可以采用简化画法，但集成块的引脚须按实际位置画，并注明名称)。

(8) 描述设计制作的数字钟的运行结果和操作流程。

(9) 总结。

① 设计过程中遇到的问题及解决办法。

② 课程设计过程的体会。

③ 对课程设计内容、方式、要求等各方面的建议。

附录　常用数字集成电路

一、74LS 系列 TTL 电路外引线排列(顶视)

1. 74LS00

四 2 输入正与非门 $Y=\overline{AB}$

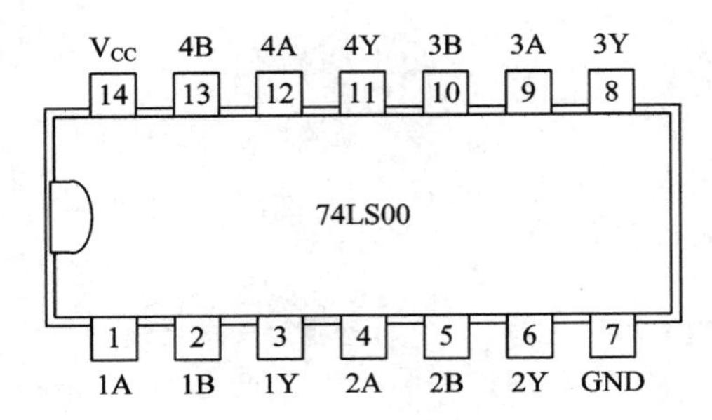

2. 74LS04

六反相器 $Y=\overline{A}$

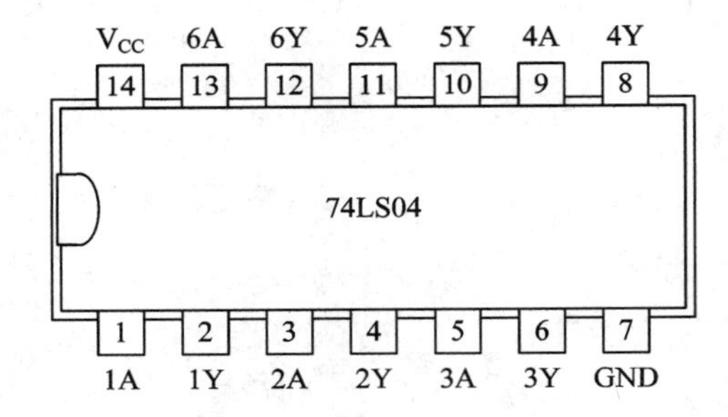

3. 74LS10

三 3 输入正与非门 $Y=\overline{ABC}$

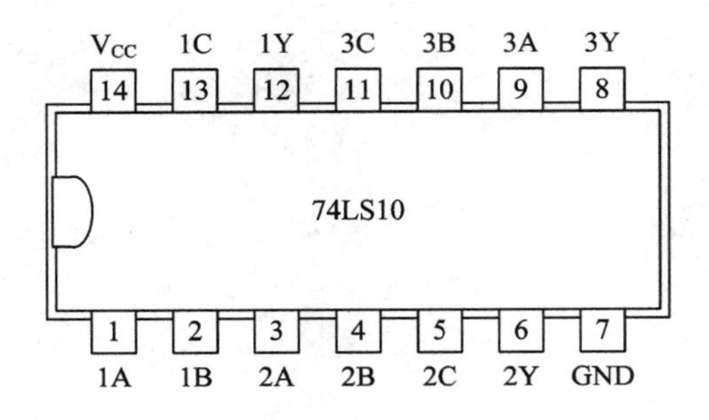

4. 74LS20

双 4 输入正与非门 $Y=\overline{ABCD}$

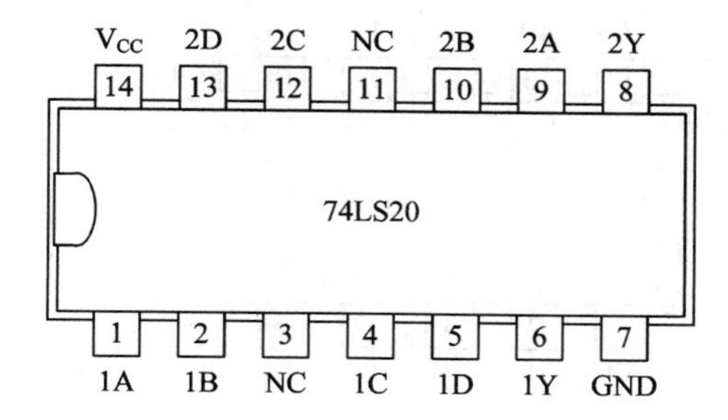

5. 74LS27

三 3 输入正或非门 $Y=\overline{A+B+C}$

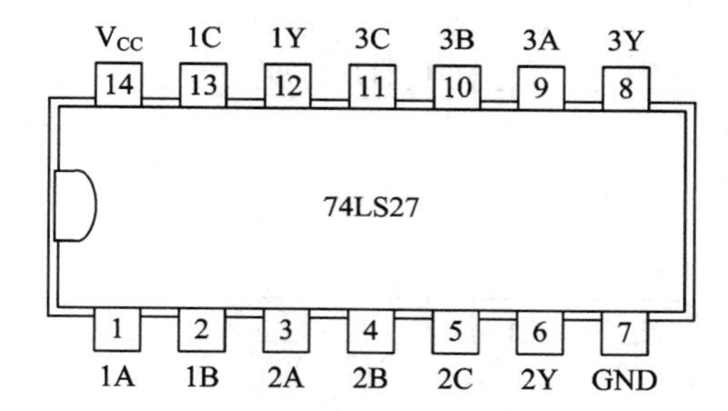

6. 74LS54

四路(2—3—3—2)输入与或非门 $Y=\overline{AB+CDE+FGH+IJ}$

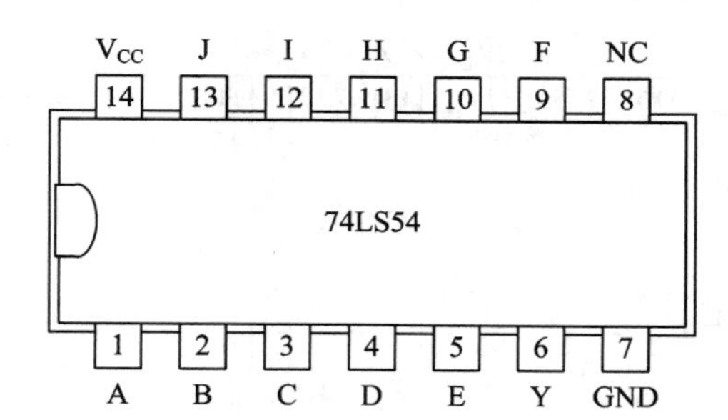

7. 74LS74

双正沿触发 D 触发器

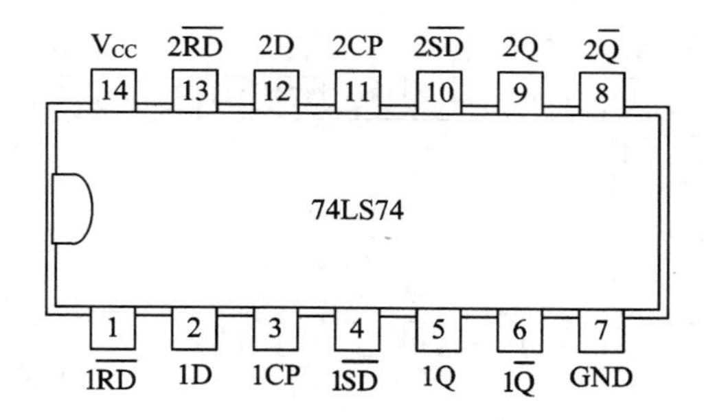

8．74LS86

四 2 输入异或门 $Y = A \oplus B$

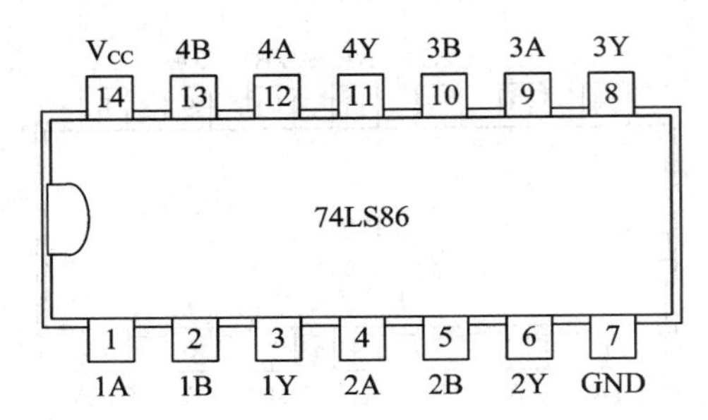

9．74LS90

二—五—十进制异步加计数器

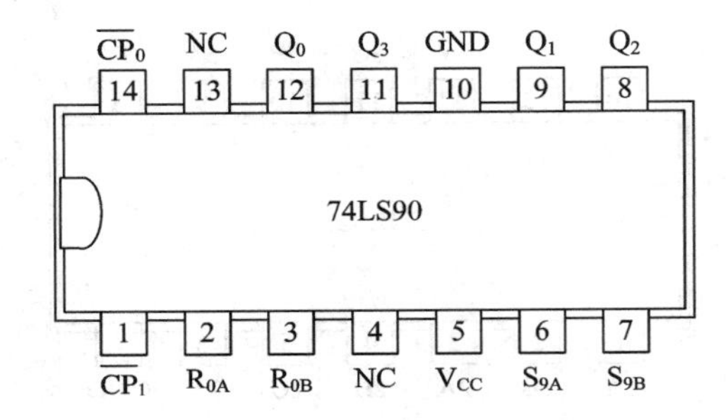

10．74LS112

双负沿触发 JK 触发器

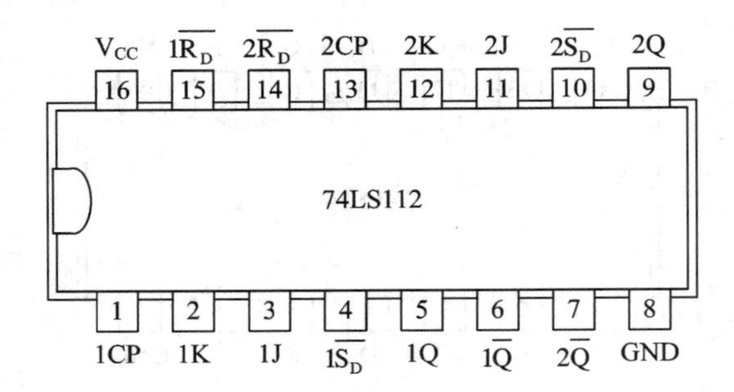

11．74LS138

3 线—8 线译码器

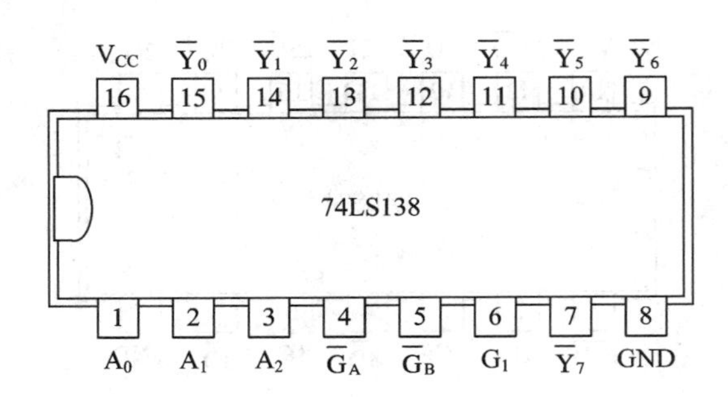

12. 74LS139

双 2 线—8 线译码

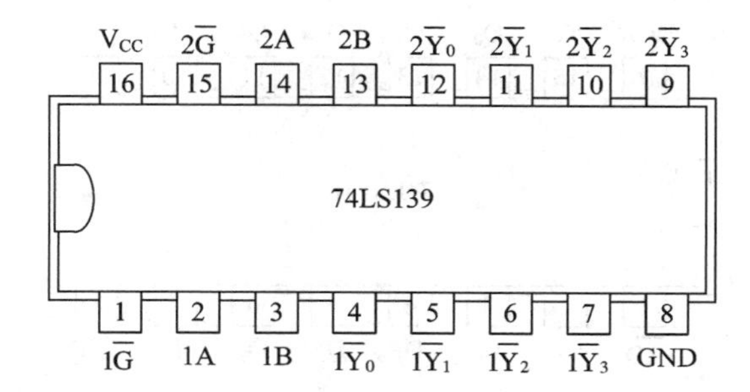

13. 74LS147

10 线—4 线优先编码器

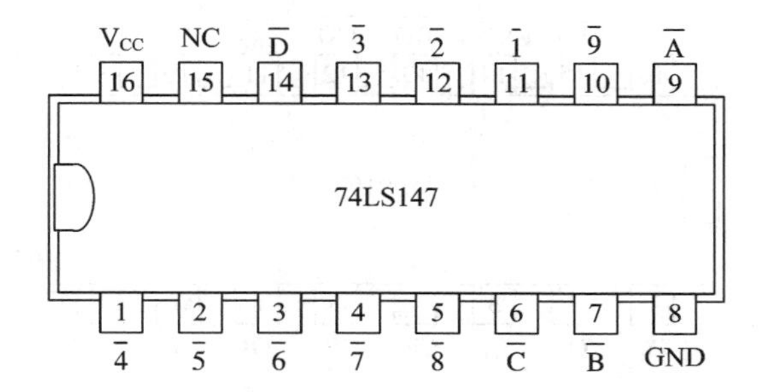

14. 74LS151

8 选 1 数据选择器

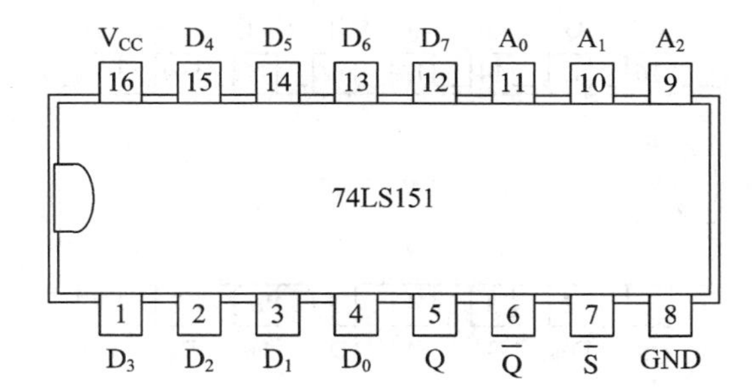

15. 74LS153

双 4 选 1 数据选择器

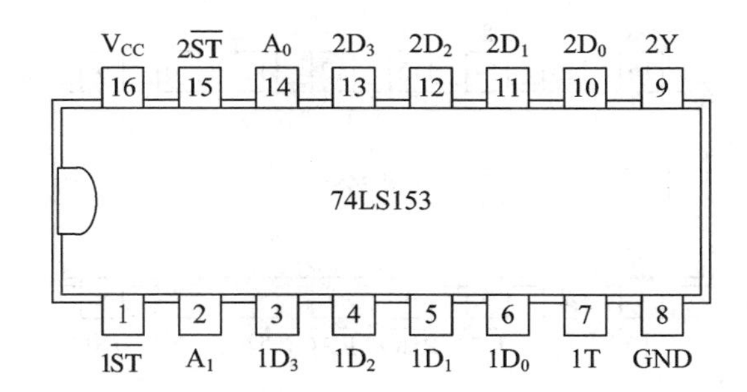

16．74LS161/ 74LS163

同步四位二进制计数器

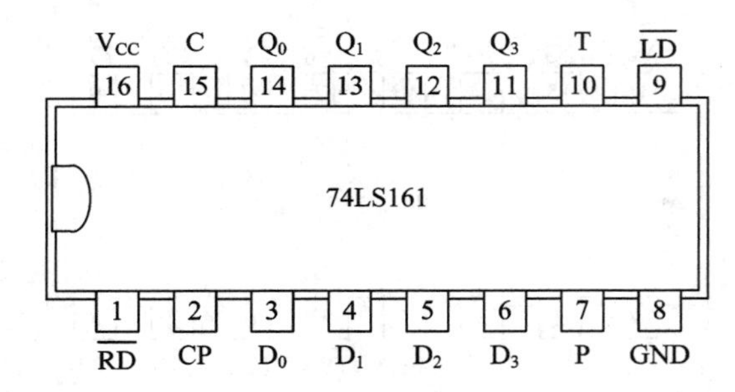

17．74LS192

同步可逆双时钟 BCD 计数器

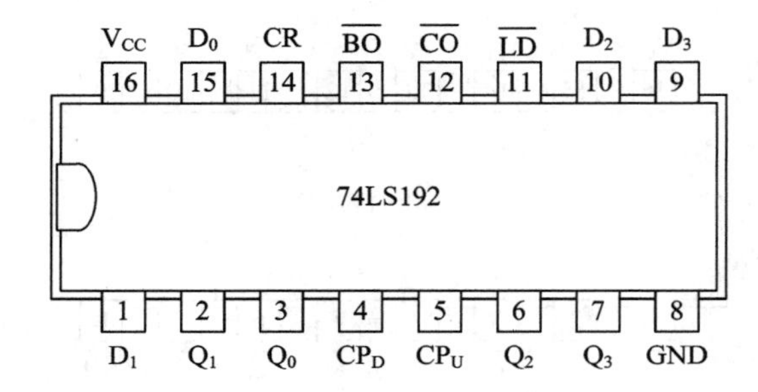

18．74LS194

4 位双向通用移位寄存器

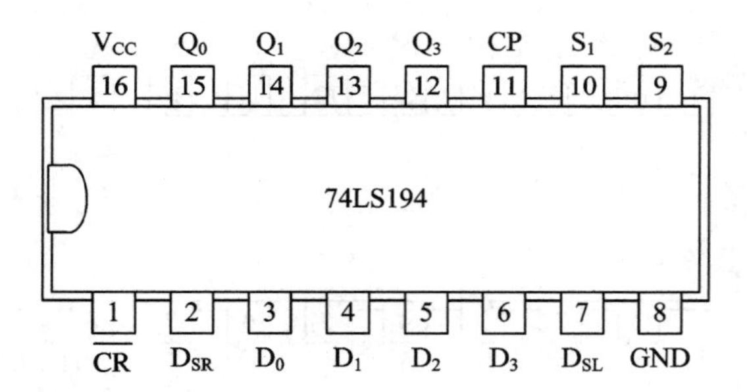

19．74LS248

BCD 七段显示译码器

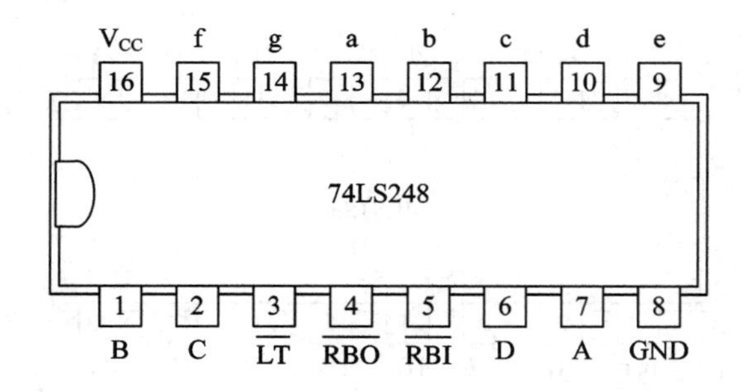

二、其他集成电路外引线排列(顶视)

1. CD4511

BCD 七段显示译码器

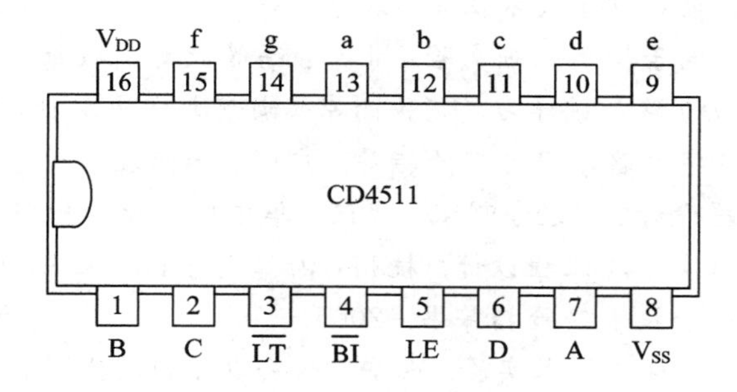

2. TS547

共阴 LED 数码管

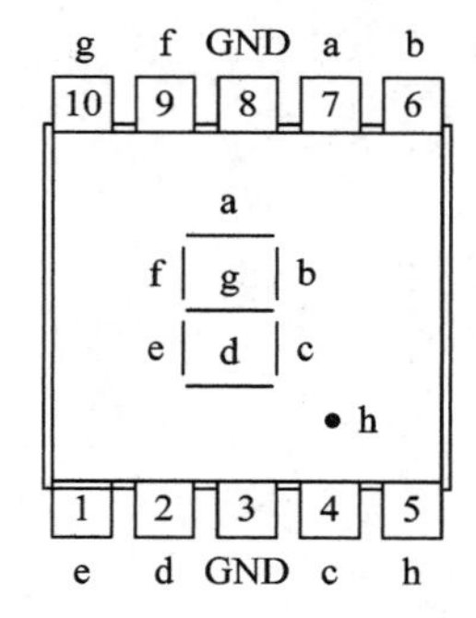

3. NE555

时基电路、定时器

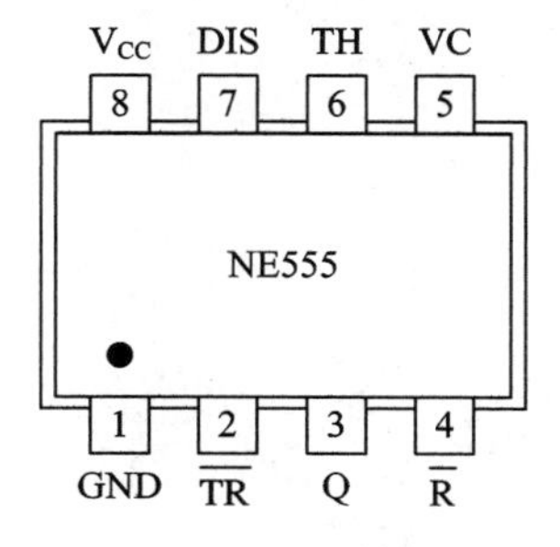

参考文献

[1] 周良权，方向乔. 数字电子技术基础. 北京：高等教育出版社，1993.
[2] 叶致诚，唐冠宗. 电子技术基础实验. 北京：高等教育出版社，1995.
[3] 邹华跃. 数字集成电路基础学习参考. 南京：南京大学出版社，2001.
[4] 余志新，徐娟. 数字电路学习与实验指导. 广州：华南理工大学出版，1999.
[5] 谢自美. 电子线路设计、实验、测试. 武汉：华中理工大学出版社，1994.
[6] 蔡忠法. 电子技术实验与课程设计. 杭州：浙江大学出版社，2003.
[7] 襄樊学院. 数字电子技术实验指导书. 2005.
[8] 李文联，李杨. 模拟电子技术实验. 西安：西安电子科技大学出版社，2015.
[9] 李杨，李文联. 电子工艺实训. 西安：西安电子科技大学出版社，2016.
[10] https：//www. baidu. com/.